安洋 编著

影楼经典晚礼发型100例 II

人民邮电出版社
北京

图书在版编目（ＣＩＰ）数据

影楼经典晚礼发型100例. 2 / 安洋编著. -- 北京 :
人民邮电出版社, 2014.10
ISBN 978-7-115-36643-6

Ⅰ. ①影… Ⅱ. ①安… Ⅲ. ①发型－设计 Ⅳ.
①TS974.21

中国版本图书馆CIP数据核字(2014)第183386号

内 容 提 要

本书包含100个晚礼发型设计案例，分为浪漫唯美晚礼发型、高贵典雅晚礼发型、复古优雅晚礼发型、俏丽清新晚礼发型和时尚简约晚礼发型5个部分，都是影楼摄影、婚礼当天会用到的经典发型。每款发型都通过图例与步骤说明相对应的形式进行讲解，分析详尽、风格多样、手法全面，每个案例都有不同角度的展示，并进行了造型提示，使读者能够更加完善地掌握造型方法。

本书适用于在影楼从业的化妆造型师和新娘跟妆师阅读，同时也可供相关培训机构的学员参考使用。

◆ 编　　著　安　洋
　责任编辑　赵　迟
　责任印制　程彦红
◆ 人民邮电出版社出版发行　　北京市丰台区成寿寺路11号
　邮编　100164　　电子邮件　315@ptpress.com.cn
　网址　http://www.ptpress.com.cn
　北京盛通印刷股份有限公司印刷
◆ 开本：889×1194　1/16
　印张：14.5
　字数：525 千字　　　　2014年10月第1版
　印数：1－3 000 册　　　2014年10月北京第1次印刷

定价：98.00元

读者服务热线：(010)81055410　印装质量热线：(010)81055316
反盗版热线：(010)81055315
广告经营许可证：京崇工商广字第0021号

前言
PREFACE

在影楼婚纱拍摄及当日新娘跟妆中，晚礼妆容造型是非常重要的。相对于白纱妆容造型来说，晚礼妆容造型会更难把握，这是因为白纱服装色彩比较单一，所以妆容色彩搭配也就比较简单，其造型方向感明确，尺度好拿捏；与之相比，晚礼的色彩、风格和服装款式会更多，这给化妆造型师增加了一定的难度。

在晚礼的妆容处理方面可以根据服装的色彩、质感、款式来确定其风格，之后可以在细节上加以变化，使服装与妆容之间达到协调统一的感觉。造型可以在服装及妆容的基础之上使整体感得到进一步的升华。想得到完美的造型，前提是将服装与妆容之间的关系处理好。相反，再漂亮的一个造型搭配在不适合的妆容与服装之上都会显得不协调。

2011 年《影楼经典晚礼发型 100 例》得以出版，因为有大家对该书的喜爱才能有本书的问世。本书中的造型均为全新内容，且主打实用风格，书中的每一款造型都可供读者在日常工作中运用。本书共分为五大风格类型，分别是浪漫唯美风格、高贵典雅风格、复古优雅风格、俏丽清新风格和时尚简约风格。这几种风格是在晚礼造型中最常用的表现类型。

有时候，化妆造型师困惑的是不管怎么做仿佛只能做出有限的几款造型。造型的魅力在于游走于发丝之间的千变万化，如果你乐于对其深入摸索，总能得到意外的惊喜。正因为如此，本书中所讲解到的案例不是晚礼造型的全部。大家可以结合自己的基础来学习，相信大家可以设计出更完美的造型，这才是作者编写本书的目的。

感谢以下朋友对本书编写工作的大力支持（排名不分先后，如有遗漏，敬请谅解）：

慕羽、春迟、庄晨、李哩、朱霏霏、沁茹、李颖璐、陶子、赵雨阳、戴莉、小洁、李茹。

最后感谢人民邮电出版社编辑赵迟老师，使本书能更快、更好地呈现在读者面前。

安洋
2014 年初夏

浪漫唯美晚礼发型 012 - 067

065

067

高贵典雅晚礼发型 068 - 105

071

073

075

077

079

081

083

085

087

089

091

093

095

097

099

101

103

105

复古优雅晚礼发型
106 - 149

153
155
157
159
161
163
165
167
169
171
173
175
177
179
181
183
185
187
189

时尚简约晚礼发型 190 - 221

【浪漫唯美晚礼发型】

STEP 01 用电卷棒将头发烫卷，在刘海区和侧发区的交界处佩戴造型花，进行点缀。

STEP 02 将侧发区的头发扭转，扭转的时候用手调整发丝的层次和纹理。

STEP 03 将扭转后的头发用发卡固定，再次用手调整发尾的层次。

STEP 04 取后发区的发片，将内侧倒梳，将表面梳光，向上提拉并扭转。

STEP 05 将后发区剩余的头发内侧倒梳，将表面梳光，继续向上提拉并扭转。

STEP 06 将后发区剩余的发片继续向上提拉并扭转。

STEP 07 用发卡将几股头发衔接。

STEP 08 用手整理顶发区的头发的层次和纹理。

STEP 09 将侧发区剩余的最后一片头发向上提拉，扭转并固定。

STEP 10 用手调整顶发区的头发的层次和纹理。造型完成。

造型提示

此款发型以电卷棒烫发和倒梳的手法操作而成。用手调整头发的层次和纹理的时候，注意发丝表面要呈现蓬松自然的感觉，尤其是最外层的头发要呈现轻盈的空气感。

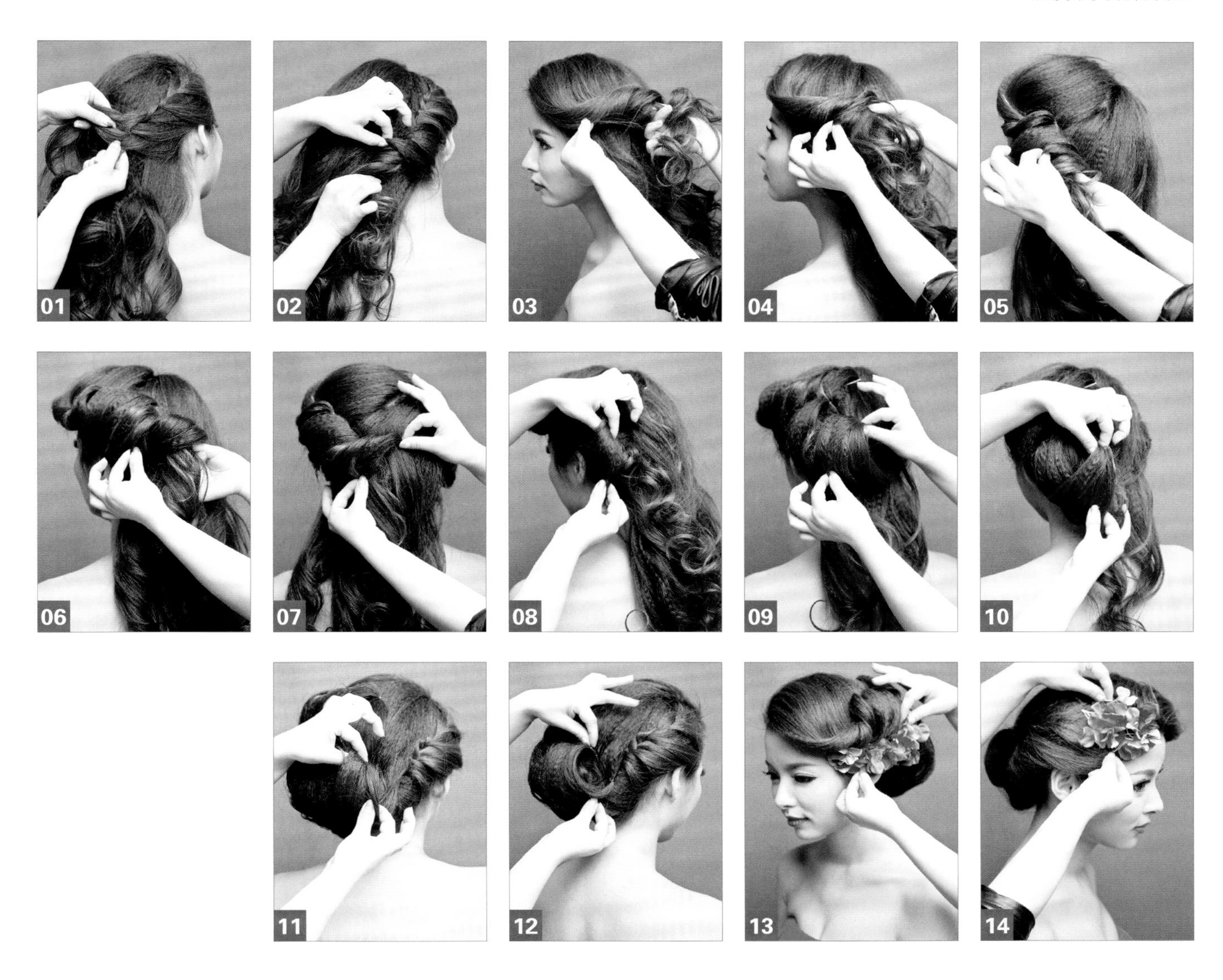

STEP 01 将侧发区的头发以三带一的方式编发。
STEP 02 编至后发区，用发卡固定。
STEP 03 将一侧刘海区的头发向后扭转。
STEP 04 将扭转后的头发用发卡固定，将剩余的头发继续扭转。
STEP 05 将剩余的发尾扭转后用发卡固定。
STEP 06 将侧发区的头发内侧倒梳后向上提拉，翻卷并固定，和刘海区固定的头发形成衔接。
STEP 07 将剩余的发尾扭转后，用发卡固定。
STEP 08 将后发区剩余的头发向上提拉并翻卷。
STEP 09 继续取后发区的发片，向上提拉，翻卷并固定。
STEP 10 将剩余的发片继续向上提拉并翻卷。
STEP 11 将剩余的头发内侧倒梳，将表面梳光后向上提拉并翻卷。
STEP 12 将打好的卷用发卡固定，要和之前打好的卷形成衔接。
STEP 13 在刘海区和侧发区的交界处佩戴饰品，修饰造型的外轮廓。
STEP 14 在另一侧同样用造型花进行点缀。造型完成。

造型提示

此款发型以三带一编发和上翻卷的手法操作而成。造型的时候，要在刘海区头发翻卷的下方留出一定的空间，使其在佩戴饰品的时候显得不拥挤。

STEP 01 将刘海区的头发以三连编的方式编发。

STEP 02 一直向后发区连接头发，在编发时注意保持适当松散。

STEP 03 将编好的发辫收尾，向内扣卷，用发卡固定。

STEP 04 将侧发区的头发以三连编的方式向后发区编发。

STEP 05 将编好的头发收尾，固定的时候和第一股发辫衔接在一起。

STEP 06 用暗卡将两股辫子连接在一起。

STEP 07 将剩余的头发倒梳后向一侧扭转。

STEP 08 继续扭转出层次，用发卡固定。

STEP 09 将剩余的头发继续扭转出层次。

STEP 10 用发卡将扭转后的头发固定。

STEP 11 在刘海区和侧发区的交界处佩戴饰品，进行点缀。造型完成。

造型提示

此款发型以三连编编发和倒梳的手法操作而成。要注意刘海区的头发的饱满度，编辫子的时候要保留一定的松散度，这样更利于饱满度的塑造。

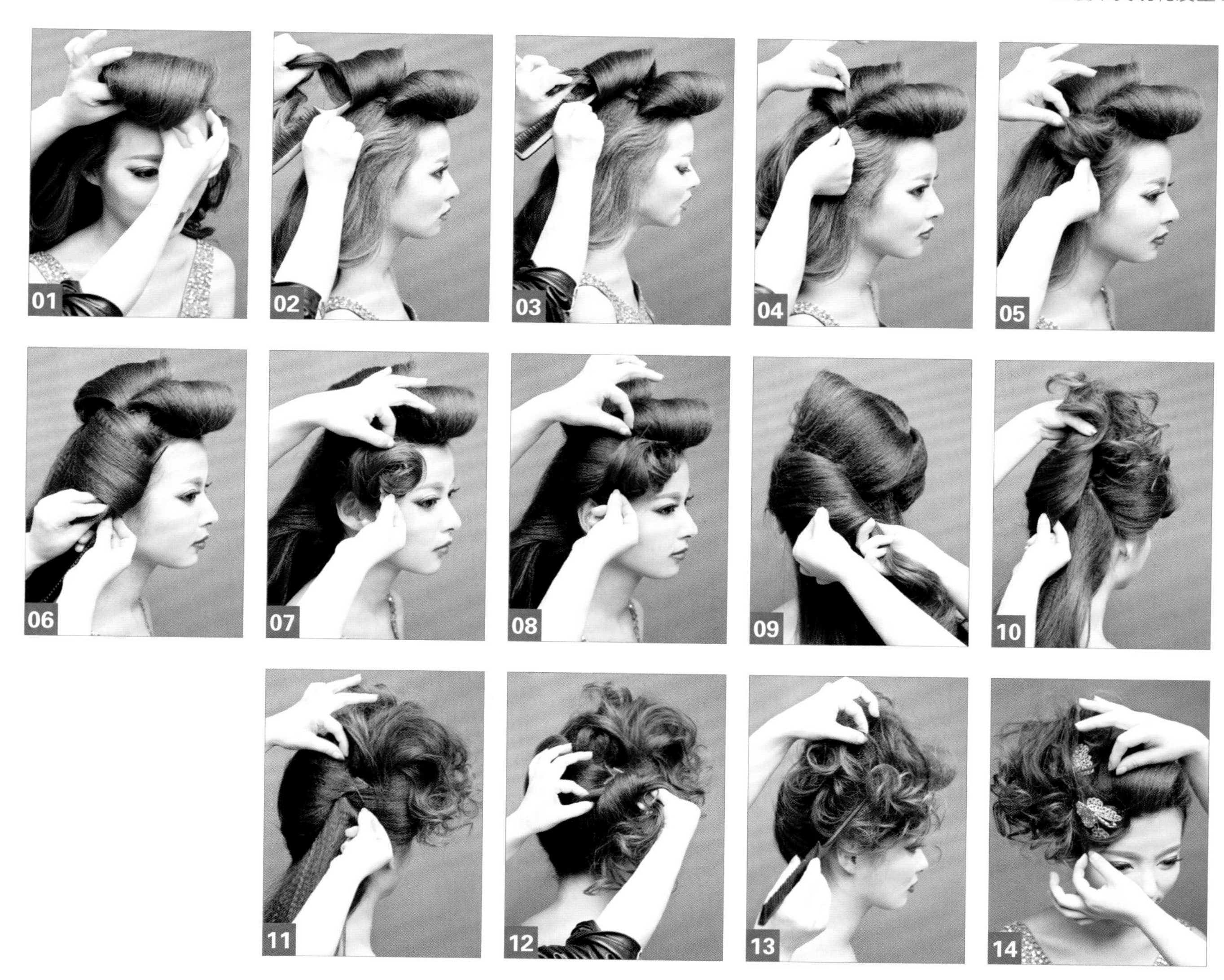

STEP 01 将刘海区的头发内侧倒梳，将表面梳光后向下扣卷，用发卡固定。
STEP 02 将侧发区的头发内侧倒梳，将表面梳光，以尖尾梳为转轴向内打卷。
STEP 03 用尖尾梳调整打好的卷的弧形。
STEP 04 用发卡将打好的卷固定，固定的时候要和刘海区的头发衔接在一起。
STEP 05 将剩余的发尾继续扭转出层次。
STEP 06 取后发区的发片，将内侧倒梳，将表面梳光，向前扣卷。
STEP 07 用手将剩余的发尾继续扭转出层次。
STEP 08 将扭转后的头发用发卡固定。
STEP 09 将后发区的头发内侧倒梳，将表面梳光后继续向内打卷。
STEP 10 继续取发片，将内侧倒梳，将表面梳光，向上提拉并扭转。
STEP 11 将扭转后的发片用发卡固定。
STEP 12 将剩余的最后一片发片向上提拉并扭转。
STEP 13 用尖尾梳调整头发的层次和纹理。
STEP 14 在刘海区佩戴饰品，进行点缀。造型完成。

造型提示

此款发型以下扣卷和打卷的手法操作而成。要注意刘海的扣卷与卷发在层次上的衔接，为了让衔接不生硬，可以用卷发的发丝适当对刘海的扣卷进行修饰。

STEP 01 将刘海区的头发向后发区倒梳，用手整理表面的层次和纹理。
STEP 02 用手继续调整头发表面的层次和纹理，调整之后将头发向上翻卷。
STEP 03 将调整后的头发向后发区扭转，用发卡固定。
STEP 04 将后发区的头发向一侧提拉并扭转。
STEP 05 将扭转后的头发用发卡固定，用手调整剩余发尾的层次和纹理。
STEP 06 将剩余的最后一片头发内侧倒梳，向内翻卷。
STEP 07 将翻卷后的头发固定，将剩余的发尾继续扭转，用发卡固定。
STEP 08 用手调整发尾的层次和纹理。
STEP 09 在侧发区和后发区的交界处佩戴造型花，进行点缀。造型完成。

造型提示

此款发型以上翻卷和倒梳的手法操作而成。注意刘海区的头发向上翻卷的层次感，翻卷的感觉要自然轻盈，可以用发卡将发卷局部固定，但固定的时候不能出现生硬的感觉。

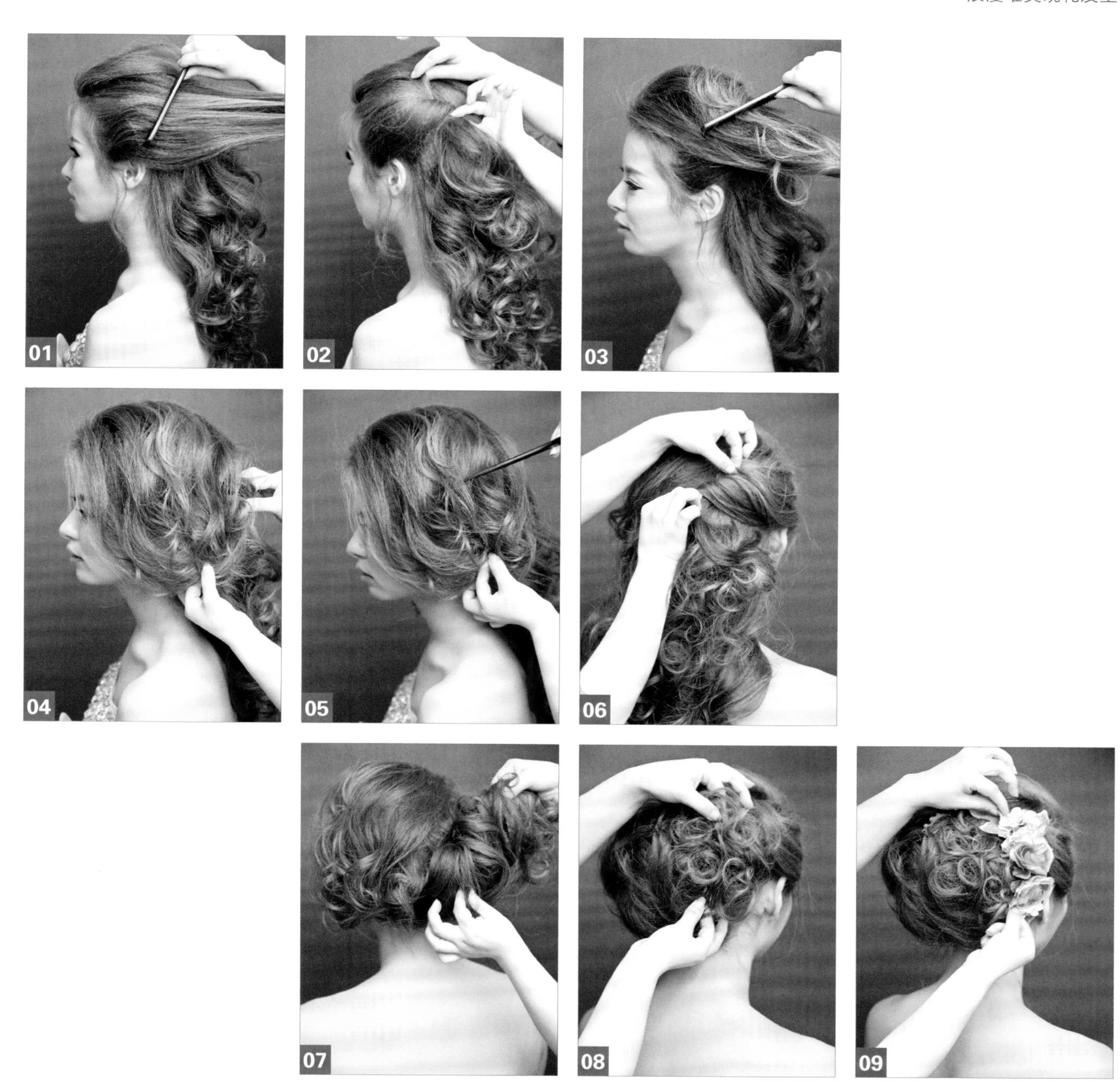

STEP 01 用电卷棒将头发烫卷，将侧发区的头发内侧倒梳，制造蓬松感。

STEP 02 将倒梳后的头发向内扭转，用发卡固定。

STEP 03 将刘海区的头发倒梳，制造表面的纹理感和层次感。

STEP 04 将倒梳后的头发向下收起。

STEP 05 用尖尾梳整理头发表面的层次和纹理。

STEP 06 将另一侧发区的头发内侧倒梳，向上扭转并固定。

STEP 07 将剩余的头发内侧倒梳，向一侧扭转。

STEP 08 将扭转后的头发用发卡固定，用手整理剩余的发尾的层次。

STEP 09 在后发区和侧发区的交界处佩戴造型花，进行点缀。造型完成。

造型提示

此款发型以电卷棒烫发和倒梳的手法操作而成。注意头发表面的发丝卷度及纹理感，必要的时候可以用电卷棒进行二次烫发处理，使其卷度更美。

STEP 01 将侧发区的头发倒梳。

STEP 02 将倒梳后的头发向后发区进行扭转处理。

STEP 03 将后发区剩余的头发内侧倒梳，将表面梳光，继续向上扭转并固定。

STEP 04 将刘海区的头发内侧进行倒梳，将表面梳光。

STEP 05 将梳理后的刘海向上进行翻卷处理。

STEP 06 将剩余的后发区头发内侧倒梳，将表面梳光，继续向上翻卷。

STEP 07 将翻卷后的头发用发卡固定。

STEP 08 继续将剩余的头发内侧倒梳，将表面梳光后向内扣卷。

STEP 09 在刘海区和侧发区的交界处佩戴造型花，进行点缀。

STEP 10 在刘海区的位置继续佩戴造型花，进行点缀。造型完成。

造型提示

此款发型以上翻卷的手法操作而成。在佩戴饰品的时候，注意对造型的轮廓进行适当的修饰，使造型更加饱满。

STEP 01 将刘海区的头发以三连编的方式向后发区编发。

STEP 02 编发时继续连接一侧发区的头发，转化为三带一的形式向下编发。

STEP 03 将编好的发辫收尾。

STEP 04 将发辫向上提拉并扭转，用发卡固定。

STEP 05 将剩余头发内侧倒梳。

STEP 06 将倒梳后的头发向内打卷并固定。

STEP 07 在刘海区和侧发区的交界处佩戴饰品，进行点缀。

STEP 08 在侧发区和后发区的交界处佩戴造型花，进行点缀。

STEP 09 在刘海区和侧发区的交界处继续佩戴造型花。造型完成。

造型提示

此款发型以三连编编发和三带一编发的手法操作而成。在编发的时候注意随时调整编发的角度，使其更符合造型的走向，这样可以使造型结构之间的衔接不生硬。

STEP 01 用电卷棒将头发烫出自然的卷度，将饰品固定在侧发区。

STEP 02 将刘海区的头发内侧倒梳，将表面梳光，以尖尾梳为轴向上翻转打卷。

STEP 03 将扭转后的头发用发卡固定在顶发区。

STEP 04 将侧发区的头发继续倒梳，将表面梳光，以尖尾梳为轴向上翻转打卷。

STEP 05 将打好的卷用发卡固定，注意和第一股固定的头发形成衔接。

STEP 06 将侧发区的头发内侧倒梳，将表面梳光后继续向上扭转。

STEP 07 将扭转后的头发用发卡固定。

STEP 08 将后发区的头发内侧倒梳后继续向上扭转。

STEP 09 将扭转后的头发用发卡固定。

STEP 10 将剩余头发继续向一侧扭转。

STEP 11 将扭转后的头发用发卡固定。

STEP 12 用手整理发丝的层次和纹理。

STEP 13 继续将后发区的头发向一侧扭转并固定。

STEP 14 用发胶对发丝进行定型处理。

STEP 15 用尖尾梳调整头发的层次和纹理。造型完成。

造型提示

此款造型以打卷的手法操作而成。注意侧发区的头发翻卷的弧度感，应使发卷相互结合，使造型的轮廓呈现更加饱满的状态。

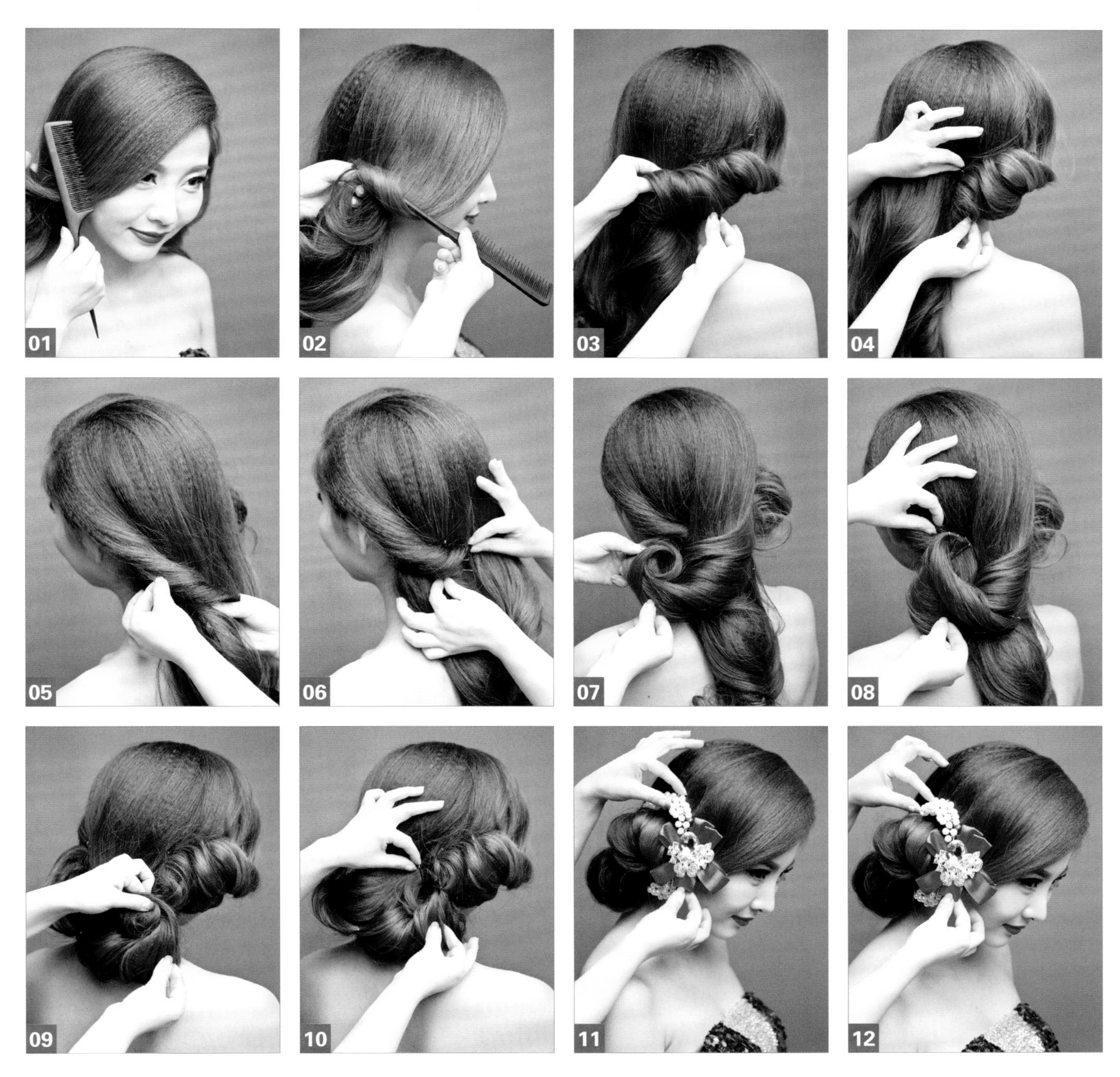

STEP 01 将刘海区的头发内侧倒梳，将表面梳光。

STEP 02 将梳光后的头发以尖尾梳为轴向上翻转打卷。

STEP 03 将后发区的头发向上翻转打卷并固定，要和刘海区的头发形成衔接。

STEP 04 用发卡将翻转后的头发固定，注意发卡不要外露。

STEP 05 将一侧发区的头发向后扭转。

STEP 06 将扭转后的头发用发卡固定。

STEP 07 将后发区剩余的头发内侧倒梳，制造蓬松度，然后向一侧扭转打卷。

STEP 08 将扭转后的头发用发卡固定，和侧发区的头发衔接在一起。

STEP 09 继续将剩余的头发内侧倒梳，向一侧提拉并打卷。

STEP 10 用发卡将扭转后的头发固定。

STEP 11 在侧发区佩戴饰品，进行点缀。

STEP 12 用发卡将饰品和头发衔接得更加牢固。造型完成。

造型提示

此款发型以上翻卷和打卷的手法操作而成。刘海区的头发要光滑干净，后发区的发卷要起到修饰造型饱满度的作用。

STEP 01 将侧发区的头发以三带一的方式向后发区编发。
STEP 02 将发辫编至发尾，用发卡固定在后发区一侧。
STEP 03 将另一侧的头发同样以三带一的方式编发。
STEP 04 同样将编好的头发用发卡固定在另一侧。
STEP 05 将顶发区的头发内侧倒梳，将表面向下梳光。
STEP 06 在头发中部开始将头发扭转。
STEP 07 另一侧同样将头发扭转。
STEP 08 将扭转的头发用发卡固定，用暗卡将两侧的头发衔接到一起。
STEP 09 将剩余的发尾以编发的形式收尾，注意保持松散和蓬松。
STEP 10 将编好的发辫用皮筋固定。
STEP 11 将发尾藏进头发内侧，用发卡固定。
STEP 12 将刘海区的头发以尖尾梳为轴向后发区翻转。
STEP 13 将翻转后的头发用发卡固定。
STEP 14 将剩余的发尾继续扭转并固定在后发区。
STEP 15 在顶发区佩戴饰品，进行点缀。造型完成。

造型提示

此款造型以三带一编发和打卷的手法操作而成。注意处理造型结构的方式，一些不露在外面的结构同样会对造型的饱满度起到决定作用。

STEP 01 将一侧发区的头发向后扭转并固定。

STEP 02 将刘海区连同侧发区的头发以尖尾梳为轴向上翻卷。

STEP 03 将翻卷好的头发固定，调整其结构。

STEP 04 在刘海区剩余的发尾中带入后发区一侧的头发，向后发区中心线方向翻卷。

STEP 05 将翻卷好的头发固定，对固定好的头发的层次做出调整。

STEP 06 将后发区另外一侧的头发翻卷并固定。

STEP 07 调整固定之后的头发的层次感。

STEP 08 将左右两侧的头发在后发区底端固定在一起。

STEP 09 在刘海上方佩戴造型花，进行点缀。

STEP 10 在另外一侧发区佩戴造型花，进行点缀。

STEP 11 在造型花之上覆盖网眼纱，修饰造型。造型完成。

造型提示

此款发型以上翻卷的手法操作而成。打造此款造型的时候要注意，网眼纱不要与造型花贴合得过紧，要保留一定的空间感，这样造型会更加生动。

STEP 01 将一侧发区的头发以三带一的形式向后发区的方向编发。

STEP 02 将编好的头发在后发区扭转并固定。

STEP 03 在刘海区的头发下方佩戴造型花，进行点缀。

STEP 04 用刘海区的头发对造型花进行自然的遮挡，继续佩戴造型花，进行点缀。

STEP 05 继续调整发丝，对造型花进行部分遮挡。

STEP 06 将后发区的部分头发向上提拉，扭转并固定。

STEP 07 对固定好的头发的层次感做出适当的调整。

STEP 08 将剩余的头发向上打卷，收尾并固定。造型完成。

造型提示

此款发型以三带一编发和打卷的手法操作而成。之所以将后发区剩余的少量头发单独打卷并固定，是为了能更好地塑造造型的整体轮廓感。

STEP 01 将刘海区的头发向后固定。

STEP 02 将固定好之后的头发从后向前扭转，扭转的时候要提拉一定的高度。

STEP 03 将扭转好的头发在侧发区固定，对其层次做调整。

STEP 04 继续调整剩余发尾的层次感并对其做细节固定。

STEP 05 将另外一侧发区的头发向后扭转并固定。

STEP 06 将后发区一侧的头发向上提拉，扭转并固定。

STEP 07 将后发区的部分头发向前打卷并固定。

STEP 08 将后发区剩余的头发向前打卷并固定。

STEP 09 在头顶佩戴造型花，进行点缀。

STEP 10 将造型布固定在造型花后方。

STEP 11 将造型布拉抻出褶皱层次并固定。

STEP 12 将造型布抓出整体层次后固定。造型完成。

造型提示

此款发型以抓布和打卷的手法操作而成。这是一款形式不对称的造型，要注意后发区一侧头发的摆放位置，避免出现失衡的感觉。

STEP 01 将刘海区的头发在一侧向上翻卷。

STEP 02 将翻卷好的头发固定并调整其角度。

STEP 03 从后发区向前提拉一片头发，在刘海区的头发下方将其打卷。

STEP 04 将另外一侧发区的头发向下扣转，打卷并固定。

STEP 05 固定好之后对其轮廓和饱满度做出调整。

STEP 06 将后发区剩余的头发向上翻卷。

STEP 07 调整翻卷并将其固定，调整头发的轮廓和饱满度。

STEP 08 在刘海区翻卷的上方佩戴饰品，进行点缀。造型完成。

造型提示

此款发型以上翻卷和打卷的手法操作而成。刘海翻卷之后有暴露在外边的发卡，造型花的佩戴刚好可以对其做出修饰。

STEP 01 将顶发区的头发向一侧扭转并固定。

STEP 02 将一侧发区的头发向上提拉，扭转并固定。

STEP 03 将另外一侧发区的头发连同后发区的头发倒梳，将表面梳理光滑。

STEP 04 将头发翻卷之后固定在后发区。

STEP 05 将刘海区的头发向上提拉并倒梳。

STEP 06 将倒梳好的头发向上翻卷。

STEP 07 将翻卷好的头发固定在一侧，调整其弧度感。

STEP 08 在刘海区头发固定位置的下方佩戴造型花，进行点缀。

STEP 09 在侧发区与刘海区结构的交界处佩戴造型花，进行点缀。造型完成。

造型提示

此款发型以上翻卷和倒梳的手法操作而成。将刘海区的头发倒梳之后不必将表面梳理得过于光滑，应体现出一定的层次感，使人物显得更加柔美。

STEP 01 将头发烫卷，高角度提拉侧发区的头发，将其内侧倒梳。

STEP 02 将倒梳后的头发表面梳光，向后发区扭转并固定。

STEP 03 继续将后发区的头发内侧倒梳，将表面梳光后扭转。

STEP 04 将另一侧发区的头发内侧倒梳，整理头发表面的层次和纹理。

STEP 05 在侧发区固定造型花，对造型进行修饰。

STEP 06 将侧发区的头发扭转出层次，覆盖住造型花固定的边缘。

STEP 07 继续扭转后发区的头发的层次和纹理。

STEP 08 用手整理头发表面的层次和纹理。

STEP 09 将整理后的头发向上提拉并扭转，用发卡固定。

STEP 10 用手继续调整固定后的头发表面的纹理。

STEP 11 整理侧发区的头发的层次和纹理。造型完成。

造型提示

此款发型以电卷棒烫发和倒梳的手法操作而成。注意造型外轮廓的层次感和纹理感，不必将其梳理得过于光滑，那样会使造型显得老气。可以保留一定的发丝层次，会使发型显得更加自然。

STEP 01 在侧发区和刘海区的交界处固定造型花，进行点缀。

STEP 02 将侧发区的头发向后发区扭转并固定。

STEP 03 将刘海区的头发以尖尾梳为轴向上翻卷并固定。

STEP 04 继续将剩余的发尾内侧倒梳，将表面梳光，向上翻卷并固定。

STEP 05 将后发区的头发内侧倒梳，向上提拉，扭转并固定。

STEP 06 将后发区剩余的头发继续向一侧提拉，扭转并固定。

STEP 07 将扭转后的头发用发卡固定，用手将剩余的头发扭转出层次。

STEP 08 将扭转后的头发用发卡固定。

STEP 09 用手整理头发表面的层次和纹理。造型完成。

造型提示

此款发型以上翻卷和倒梳的手法操作而成。造型时首先佩戴了造型花，然后以造型花为核心进行接下来的操作。这种造型方式可以用于以表现饰品为主的造型中。

STEP 01 取侧发区的头发，以三带一的方式向后发区编发。

STEP 02 继续连接后发区的头发，在编发时注意保持适当的松散。

STEP 03 将编好的发辫向一侧提拉并扭转，用发卡固定。

STEP 04 将剩余的发尾扭转。

STEP 05 将剩余的头发继续向上提拉并扭转，用手整理出层次。

STEP 06 将扭转后的头发用发卡固定，用手继续调整头发表面的层次和纹理。

STEP 07 用发卡将发丝和头发衔接得更加牢固。

STEP 08 在侧发区佩戴饰品，进行点缀。造型完成。

造型提示

此款发型以三带一编发的手法操作而成。造型时保留了一些两侧自然散落的头发，这样做的目的是使造型看上去更加自然，并且对脸型起到了适当的修饰作用。

STEP 01 用尖尾梳将后发区的头发倒梳，制造蓬松感。

STEP 02 将倒梳后的头发向上翻卷。

STEP 03 将一侧刘海区的头发倒梳，向后发区扭转。

STEP 04 用尖尾梳继续倒梳后发区剩余的头发。

STEP 05 将倒梳后的头发向上提拉并翻卷。

STEP 06 将翻卷后的头发固定，继续将剩余的头发内侧倒梳，向上提拉并翻卷。

STEP 07 将翻卷后的头发用发卡固定，注意和两侧的头发形成衔接。

STEP 08 佩戴饰品，进行点缀。造型完成。

造型提示

此款发型以上翻卷和倒梳的手法操作而成。在造型的时候，注意不要将两侧的头发梳理得过于光滑，要保留一些自然的发丝，这样可以使模特显得更加年轻。

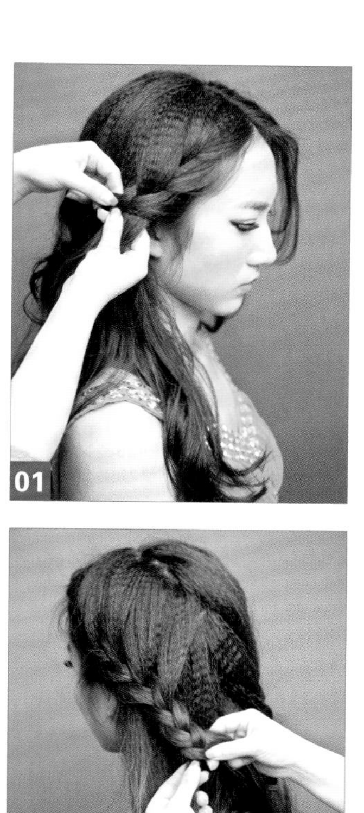
01

02

03

04

05

06

07

08

09

STEP 01 将侧发区的头发以三带一的方式向后发区编发。

STEP 02 编至后发区收尾，注意保持适当的松散。

STEP 03 将另一侧发区的头发继续以三带一的方式编发。

STEP 04 将发辫编至后发区收尾。

STEP 05 将编好的发辫用皮筋固定。

STEP 06 将发辫剩余的发尾扭转，打卷并固定。

STEP 07 将剩余的一股发辫继续扭转，打卷，和第一股发辫衔接。

STEP 08 在刘海区和顶发区佩戴饰品，进行点缀。

STEP 09 在后发区发辫固定的位置佩戴造型花。造型完成。

造型提示

此款发型以三带一编发和打卷的手法操作而成。烫发的时候，要使发尾呈现自然的弯度。

STEP 01 将侧发区的头发内侧倒梳后向后扭转。
STEP 02 将侧发区剩余的头发内侧倒梳，继续向后扭转并固定。
STEP 03 将另一侧发区的发片内侧倒梳，将表面梳光，向后发区扭转并固定。
STEP 04 将侧发区剩余的头发内侧倒梳，将表面梳光，继续向后发区扭转并固定。
STEP 05 提拉刘海区的头发，将内侧倒梳。
STEP 06 将倒梳后的头发表面梳光，以尖尾梳为轴向上翻卷。
STEP 07 将翻卷后的头发用发卡固定，将剩余的头发继续向后扭转并打卷。
STEP 08 将后发区剩余的头发倒梳，向内扭转并固定。
STEP 09 继续将剩余的头发向内扭转并固定。
STEP 10 将剩余的头发继续向内扭转。
STEP 11 将剩余的头发收尾。
STEP 12 继续用暗卡将发片与发片相互衔接。
STEP 13 在后发区佩戴造型花，进行点缀。
STEP 14 在刘海区和侧发区的交界处佩戴饰品，进行点缀。造型完成。

造型提示

此款发型以上翻卷和打卷的手法操作而成。刘海区的头发应呈现自然饱满的状态，可以用尖尾梳的尖尾对其轮廓感做适当的调整。

STEP 01 将刘海区的头发向前提拉，向上翻卷并固定。
STEP 02 将发尾向下扣转后固定。
STEP 03 将后发区一侧的头发向另外一侧扭转并固定。
STEP 04 将一侧发区底端的头发向另外一侧扭转，使其呈向上提拉的感觉，固定。
STEP 05 将一侧发区的头发用三带一的形式向后编发。
STEP 06 继续向后编发，边编发边调整其方位和松紧度。
STEP 07 继续向后编发，带入另外一侧发区的头发，注意编发应呈现弧形的走向。
STEP 08 继续向下编发，准备收尾。
STEP 09 将头发向另外一侧拉抻。
STEP 10 在后发区一侧将发尾固定牢固，使辫子首尾形成连接状态。
STEP 11 将后发区底端的剩余头发的一部分向上打卷，对辫子形成包裹的状态。
STEP 12 继续分出一片头发，向上打卷。
STEP 13 将剩余的头发向上提拉，向下扭转并固定。
STEP 14 在头顶一侧佩戴饰品，进行点缀。
STEP 15 在后发区一侧佩戴造型纱，进行点缀。造型完成。

造型提示

此款造型以上翻卷和三带一编发的手法操作而成。在打造此款造型的时候，后方的三带一编发形成了涡旋状的外轮廓包裹，所以编发时不要编得太紧，那样不利于接下来的造型。

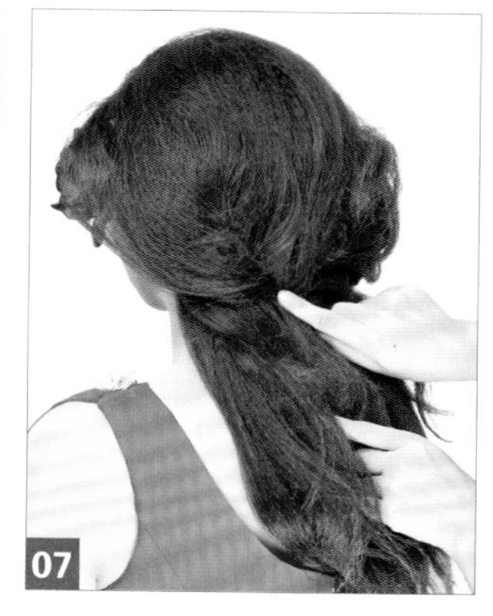

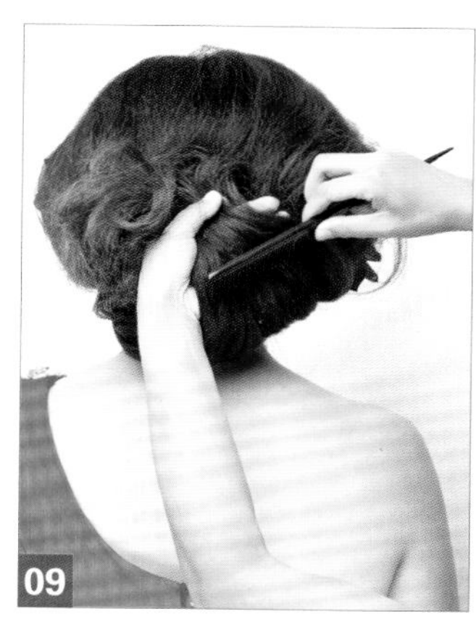

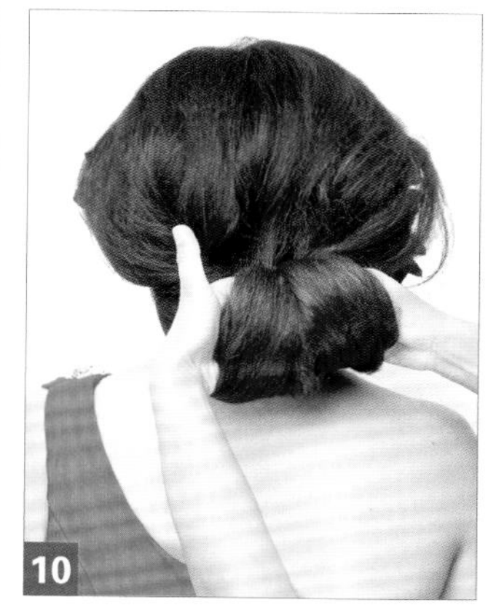

STEP 01 在一侧佩戴造型花，固定要牢固、伏贴。

STEP 02 在造型花下方再佩戴一朵造型花，进行点缀。

STEP 03 在另外一侧佩戴一朵造型花。

STEP 04 在一侧取头发，对造型花进行适当的遮挡。

STEP 05 在另外一侧取头发，对造型花进行适当的遮挡。

STEP 06 将一侧的头发自然松散地向后扭转并固定。

STEP 07 将另外一侧的头发向后扭转并固定。

STEP 08 在后发区将头发轻轻地倒梳，增加其发量和衔接度。

STEP 09 将头发向上提拉，将其表面梳理光滑。

STEP 10 将头发向上翻卷。

STEP 11 将翻卷后的头发固定牢固，调整其弧度感。造型完成。

造型提示

此款发型以上翻卷和倒梳的手法操作而成。重点是不要使花朵完全外露，要用发丝对其进行适当的遮挡，使其更加自然。

STEP 01 将刘海区的头发向后扭转并固定。
STEP 02 在头顶取头发，向前扭转并固定。
STEP 03 在一侧发区取头发，向上提拉，扭转并固定。
STEP 04 从后发区取头发，向上提拉并扭转。
STEP 05 将头发固定在头顶，发卡要隐藏好，固定要牢固。
STEP 06 将后发区剩余的头发继续向上提拉，扭转并固定。
STEP 07 在头顶扭转，使其固定得更加牢固。
STEP 08 将一侧的头发扭转并将其固定在后发区。
STEP 09 固定的发尾和发卡要隐藏好，调整其轮廓感。
STEP 10 用尖尾梳调整另外一侧的头发，可适当倒梳，增加头发的衔接度。
STEP 11 调整好层次后将其在后发区固定。
STEP 12 在头顶佩戴造型花。
STEP 13 继续向下佩戴造型花，造型花要对额头起到修饰作用。
STEP 14 佩戴网眼纱，对造型花进行适当的遮挡。
STEP 15 将网眼纱固定在后发区，抓出一定的褶皱和层次。造型完成。

造型提示

此款造型以抓纱和倒梳的手法操作而成。注意两侧的发丝要呈现飘逸感，不要梳理得过于光滑，可用尖尾梳的尖尾对其做调整。在造型之前一定要将头发烫卷，这样才更容易制造出纹理感。

STEP 01 在头顶佩戴造型花，进行点缀。
STEP 02 将一侧的头发向另外一侧带，边带发边适当倒梳出层次。
STEP 03 在倒梳的时候可以同时拉抻头发，使其更加具有方向感。
STEP 04 将侧发区的剩余头发向上提拉并倒梳。
STEP 05 将倒梳好的头发向另外一侧带，将其表面梳理光滑。
STEP 06 将后发区的头发向上提拉，向一侧扭转并固定。
STEP 07 将后发区底端的头发向上提拉，扭转并固定。
STEP 08 将后发区一侧的头发扭转，不要扭转得太紧。
STEP 09 将扭转后的头发固定，将发尾甩出。
STEP 10 将发尾向上扭转并甩至一侧。
STEP 11 将所有的发尾在侧面用尖尾梳调整出层次。造型完成。

造型提示

此款发型以倒梳和提拉扭转的手法操作而成。操作时要先佩戴饰品，所有的头发都围绕花饰进行造型。

STEP 01 将头发倒梳，增加发量和衔接度，调整刘海区的头发的层次。

STEP 02 将侧发区的头发向上提拉，扭转并固定。

STEP 03 将另一侧发区的头发以同样的方式扭转。

STEP 04 将扭转后的头发固定。

STEP 05 将后发区的头发向上提拉，扭转并固定。

STEP 06 将剩余的头发继续向上提拉，使其呈打卷状态。

STEP 07 将头发继续向上提拉并固定。

STEP 08 在侧发区和后发区的交界处佩戴造型花，进行点缀。

STEP 09 在顶发区和后发区的交界处佩戴造型花，继续点缀。造型完成。

造型提示

此款发型以倒梳和打卷的手法操作而成。在造型的时候要注意头顶的自然层次感，因为这不但决定了造型的饱满度，自然的层次感也会让造型显得唯美而不老气。

【高贵典雅晚礼发型】

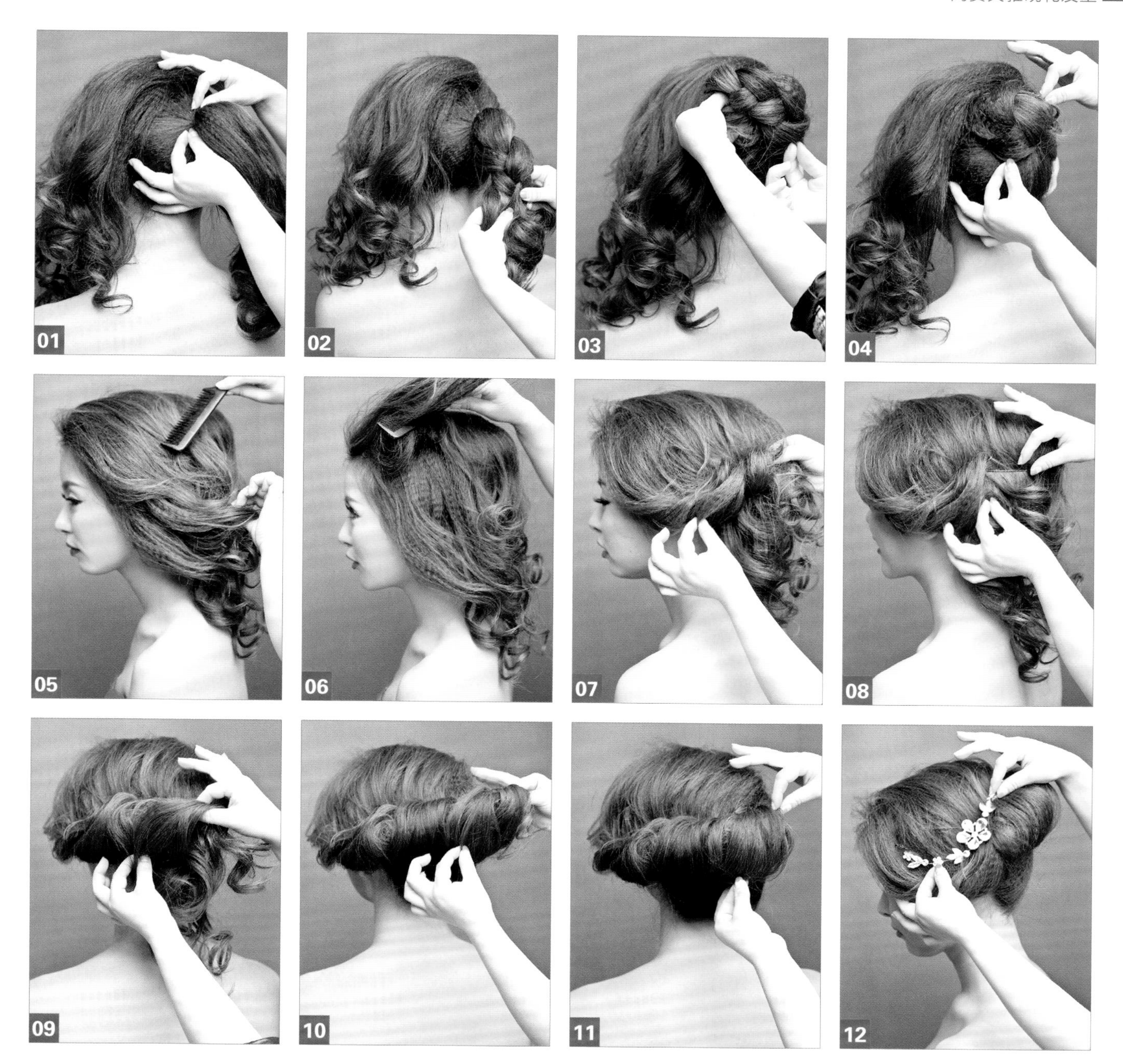

STEP 01 将后发区的头发梳理光滑，用皮筋固定成一个马尾。

STEP 02 将马尾以三股辫的方式编发。

STEP 03 将编好的发辫向上提拉并扭转。

STEP 04 用发卡将扭转好的发辫固定。

STEP 05 用尖尾梳将刘海区的头发倒梳，制造表面的层次感和纹理感。

STEP 06 将刘海区的头发高角度提拉，倒梳内侧。

STEP 07 将倒梳后的头发用手整理表面的纹理，向后发区扭转。

STEP 08 用发卡将扭转后的头发固定。

STEP 09 将固定后的剩余发尾继续翻卷。

STEP 10 将剩余的头发内侧倒梳，将表面梳光后继续向上翻卷。

STEP 11 用发卡将翻卷后的头发固定，用手调整头发表面的层次。

STEP 12 在刘海区和侧发区的交界处佩戴饰品，进行点缀。造型完成。

造型提示

此款发型以三股辫编发和上翻卷的手法操作而成。注意刘海区的头发向后翻卷的弧度感。头顶的头发呈向上隆起的状态，可以用尖尾梳适当将其发根倒梳。

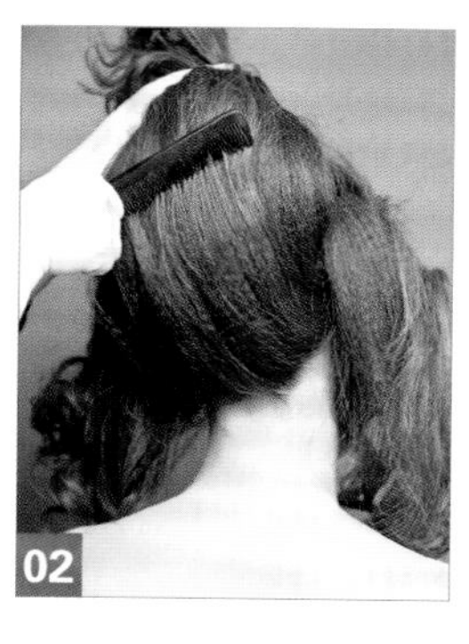

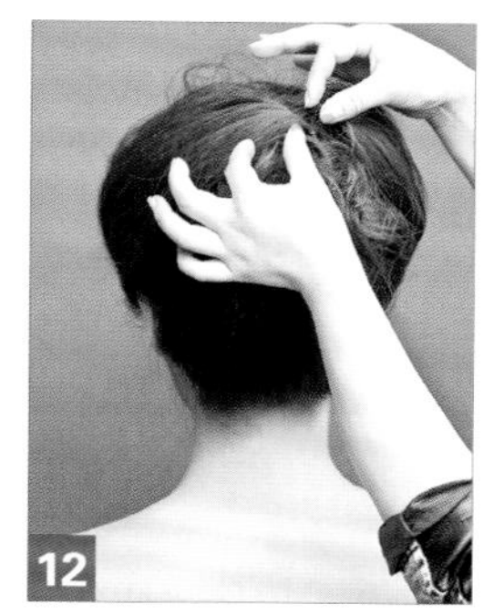

STEP 01 将后发区的头发高角度提拉，分片倒梳内侧。
STEP 02 将后发区的头发向上提拉，用尖尾梳将头发表面梳理光滑。
STEP 03 将倒梳后的头发扭转，用发卡固定。
STEP 04 用尖尾梳调整头发表面的层次和纹理。
STEP 05 提拉刘海区的头发，倒梳内侧，制造蓬松感和纹理感。
STEP 06 将倒梳后的头发向后发区扣卷。
STEP 07 用发卡将扣卷后的头发固定。
STEP 08 用尖尾梳调整侧发区头发表面的层次和纹理。
STEP 09 提拉侧发区的头发，倒梳内侧。
STEP 10 将倒梳后的头发向后发区一侧提拉并扭转。
STEP 11 将另一侧发区的头发内侧倒梳，将表面梳光，整理头发表面的纹理。
STEP 12 将整理后的头发用发卡固定。
STEP 13 用尖尾梳调整刘海区头发表面的层次和纹理。造型完成。

造型提示

此款发型以下扣卷和倒梳的手法操作而成。刘海区隆起的头发应呈现出一定的层次感，不要梳理得过于光滑，这样呈现出的感觉既高贵又时尚。

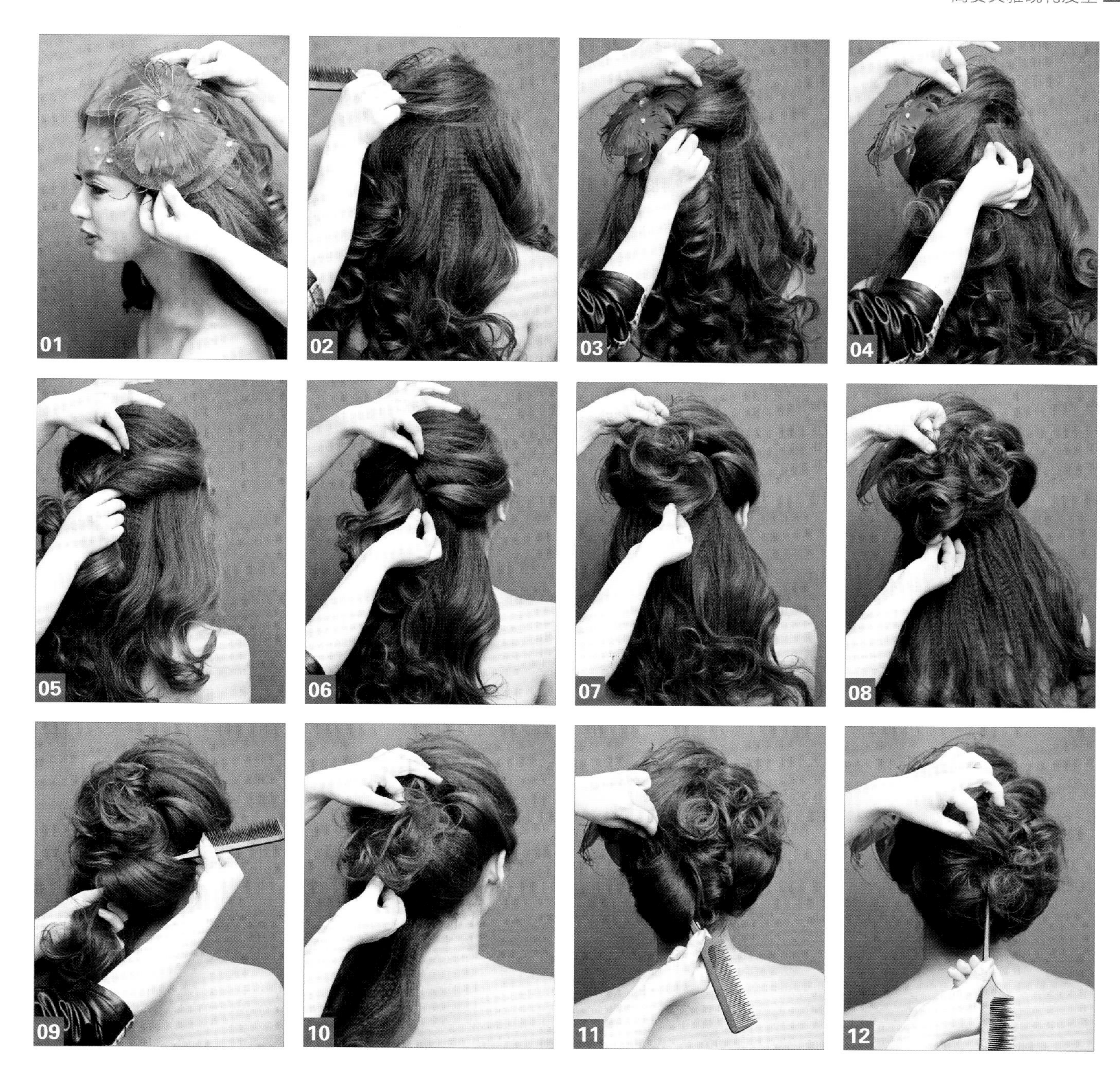

STEP 01 在刘海区和侧发区的交界处佩戴饰品，对造型进行修饰。
STEP 02 取顶发区的头发，用尖尾梳将内侧倒梳。
STEP 03 将倒梳后的头发向内侧扣卷并固定。
STEP 04 将侧发区的头发内侧倒梳，将表面梳光，向上翻卷并固定。
STEP 05 将另一侧发区的头发内侧倒梳，将表面梳光，向上翻卷并固定。
STEP 06 将侧发区剩余的头发继续向后发区翻卷并固定。
STEP 07 将固定后剩余的发尾扭转出层次。
STEP 08 继续将剩余的头发扭转出层次。
STEP 09 将后发区剩余的头发内侧倒梳，将表面梳光，以尖尾梳为轴向上翻卷。
STEP 10 将打好的卷用发卡固定，将剩余的发尾继续扭转出层次。
STEP 11 将剩余的发片内侧倒梳，将表面梳光，以尖尾梳为轴向内扣卷。
STEP 12 将剩余的发尾继续扭转出层次后固定。造型完成。

造型提示

此款发型以上翻卷和倒梳的手法操作而成。注意后发区的头发表面不要过于光滑，适当留出一些发卷的层次感可使造型更生动。

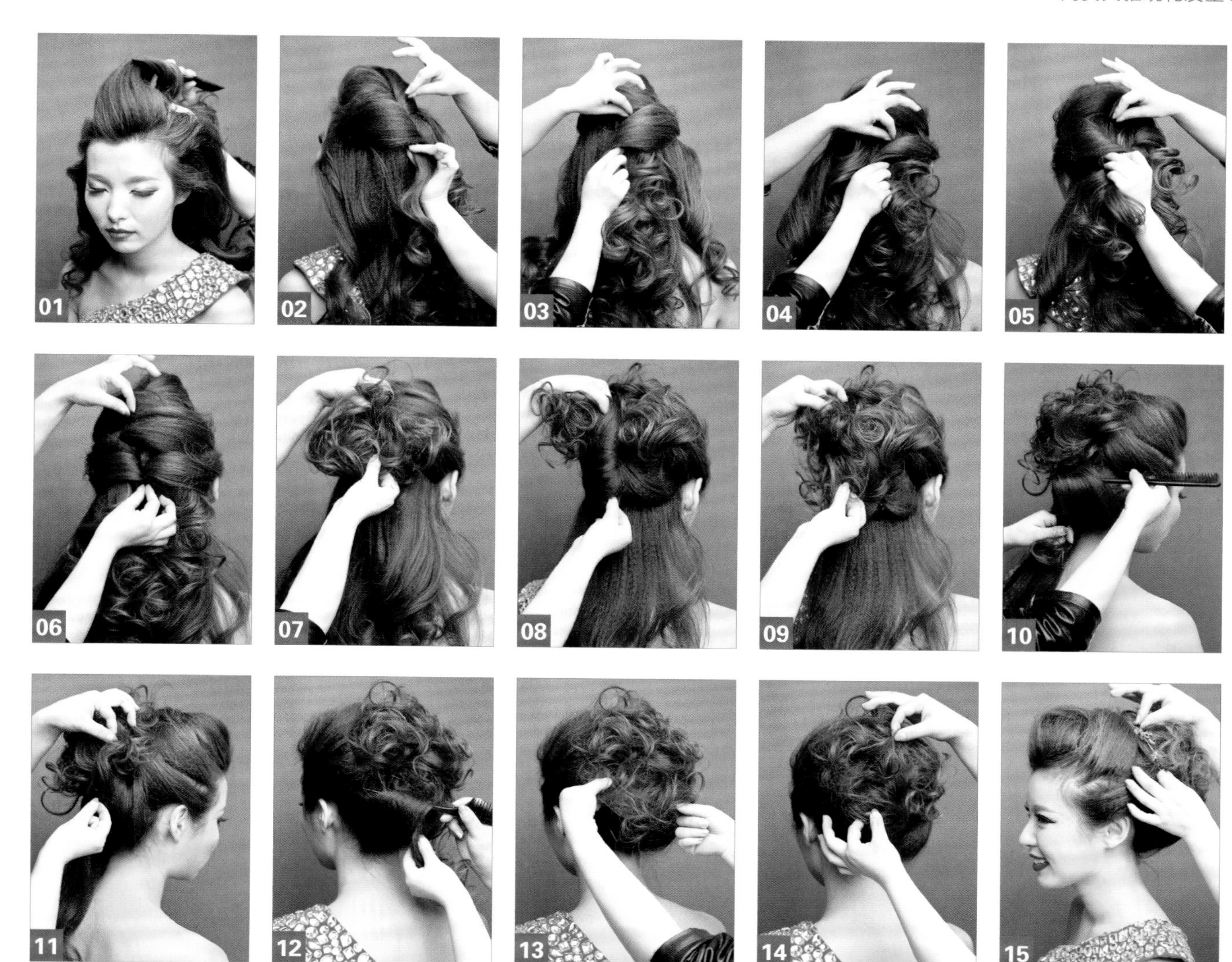

STEP 01 将刘海区的头发以尖尾梳为轴向内扭转。

STEP 02 将扭转后的头发固定，取侧发区的发片，向内打卷并固定。

STEP 03 将另外一侧的发片采取同样的方式操作。

STEP 04 继续扭转侧发区的头发。

STEP 05 将另一侧发区的头发内侧倒梳，将表面梳光后向内扭转打卷。

STEP 06 用暗卡将两侧发区的头发衔接到一起。

STEP 07 将剩余的发尾用手整理层次和纹理。

STEP 08 将后发区剩余的头发向上提拉并扭转。

STEP 09 将扭转后的头发用发卡固定，用手调整剩余发尾的层次和纹理。

STEP 10 将剩余的发片内侧倒梳，将表面梳光，以尖尾梳为轴向上翻卷。

STEP 11 将翻卷后的头发用发卡固定，用手调整剩余发尾的层次。

STEP 12 将剩余的发片内侧倒梳，将表面梳光，以尖尾梳为轴向上翻卷。

STEP 13 将翻卷后的头发用发卡固定，调整发尾的层次。

STEP 14 调整后发区的头发的层次和纹理。

STEP 15 佩戴饰品，进行点缀。造型完成。

造型提示

此款造型以上翻卷和打卷的手法操作而成。刘海区的头发要有饱满的隆起感，可适当用尖尾梳的尖尾对其做出调整。另外，后发区的头发层次和纹理要自然，不要过于死板。

STEP 01 将刘海区的头发以三连编的方式向顶发区编发。
STEP 02 将编好的发辫收尾，用皮筋固定。
STEP 03 将发辫扭转后用发卡固定在后发区。
STEP 04 将后发区一侧的头发以三连编的方式编发。
STEP 05 将编好的发辫用皮筋固定。
STEP 06 将发辫向上提拉并翻卷。
STEP 07 将另一侧头发以三连编的方式向后发区编发。
STEP 08 将编好的发辫用皮筋固定，向中央扭转。
STEP 09 将扭转后的发辫用发卡固定。
STEP 10 将后发区剩余的头发以三连编的方式收尾。
STEP 11 将编好的发辫向上提拉并翻卷。
STEP 12 将翻卷后的头发用发卡固定。
STEP 13 佩戴饰品，进行点缀。造型完成。

造型提示

此款发型以三连编编发和上翻卷的手法操作而成。注意后发区的头发应呈现出有层次感和纹理感的状态，而不是干净整洁的包发形式。

STEP 01 将刘海区的头发内侧倒梳，将表面梳光。
STEP 02 将倒梳后的头发以尖尾梳为轴向内打卷并固定。
STEP 03 将侧发区的头发内侧倒梳，将表面梳光，以尖尾梳为轴向上翻卷并固定。
STEP 04 将侧发区剩余的头发倒梳。
STEP 05 将倒梳后的头发表面梳光后以尖尾梳为轴向上翻卷并固定。
STEP 06 将另一侧发区的头发内侧倒梳，将表面梳光后向上提拉，扭转并固定。
STEP 07 将剩余的发尾继续整理出层次。
STEP 08 将后发区剩余的头发内侧倒梳，将表面梳光，向上扭转并固定。
STEP 09 继续将后发区左侧剩余的头发内侧倒梳，将表面梳光，向上提拉并扭转。
STEP 10 将最后一片发片内侧倒梳，向上扭转并固定。
STEP 11 用尖尾梳对头发表面的层次和纹理进行处理。
STEP 12 用手继续整理头发表面的纹理。
STEP 13 佩戴造型花，进行点缀。造型完成。

造型提示

此款发型以上翻卷和打卷的手法操作而成。刘海区的头发表面要隆起而光滑，所以在倒梳之后要将头发表面进行细致的梳光处理。

STEP 01 将刘海区的头发用皮筋固定成一个马尾。

STEP 02 将马尾内侧倒梳，将表面梳光，向前盘转，作为刘海。

STEP 03 将侧发区的头发内侧倒梳，将表面梳光，以尖尾梳为轴向上翻卷。

STEP 04 将固定后的剩余的发尾继续向前扭转打卷。

STEP 05 将另一侧发区的头发内侧倒梳，将表面梳光，向上扭转并固定。

STEP 06 将后发区的头发内侧倒梳，将表面梳光，向上翻卷。

STEP 07 将翻卷后的头发用发卡固定。

STEP 08 将后发区剩余的头发继续倒梳。

STEP 09 将倒梳后的头发向上提拉并翻卷。

STEP 10 将提拉并翻卷后的头发用发卡固定。

STEP 11 用暗卡将头发之间衔接得更牢固。造型完成。

造型提示

此款发型以扎马尾和上翻卷的手法操作而成。注意后发区的头发表面要光滑干净，并且在梳理的时候注意提拉的角度，以免形成拖沓的感觉。

STEP 01 用玉米夹将头发处理蓬松，分出顶发区、两侧发区和后发区，分别用皮筋固定成马尾。

STEP 02 将后发区的头发内侧倒梳，向上提拉并扭转。

STEP 03 将扭转后的头发用发卡固定，用手调整头发表面的层次和纹理。

STEP 04 将侧发区的头发扭转。

STEP 05 将扭转后的头发用发卡固定。

STEP 06 将刘海区的头发内侧倒梳，将表面梳光，向下扣卷。

STEP 07 用发卡将扣卷的刘海固定。

STEP 08 将另一侧发区的头发扭转。

STEP 09 将扭转后的头发固定，用手调整剩余发尾的层次。

STEP 10 在另一侧发区佩戴饰品，进行点缀。造型完成。

造型提示

此款发型以扎马尾和下扣卷的手法操作而成。注意头顶头发的摆放，保留一些卷发的层次，这样会使造型看上去更加生动。

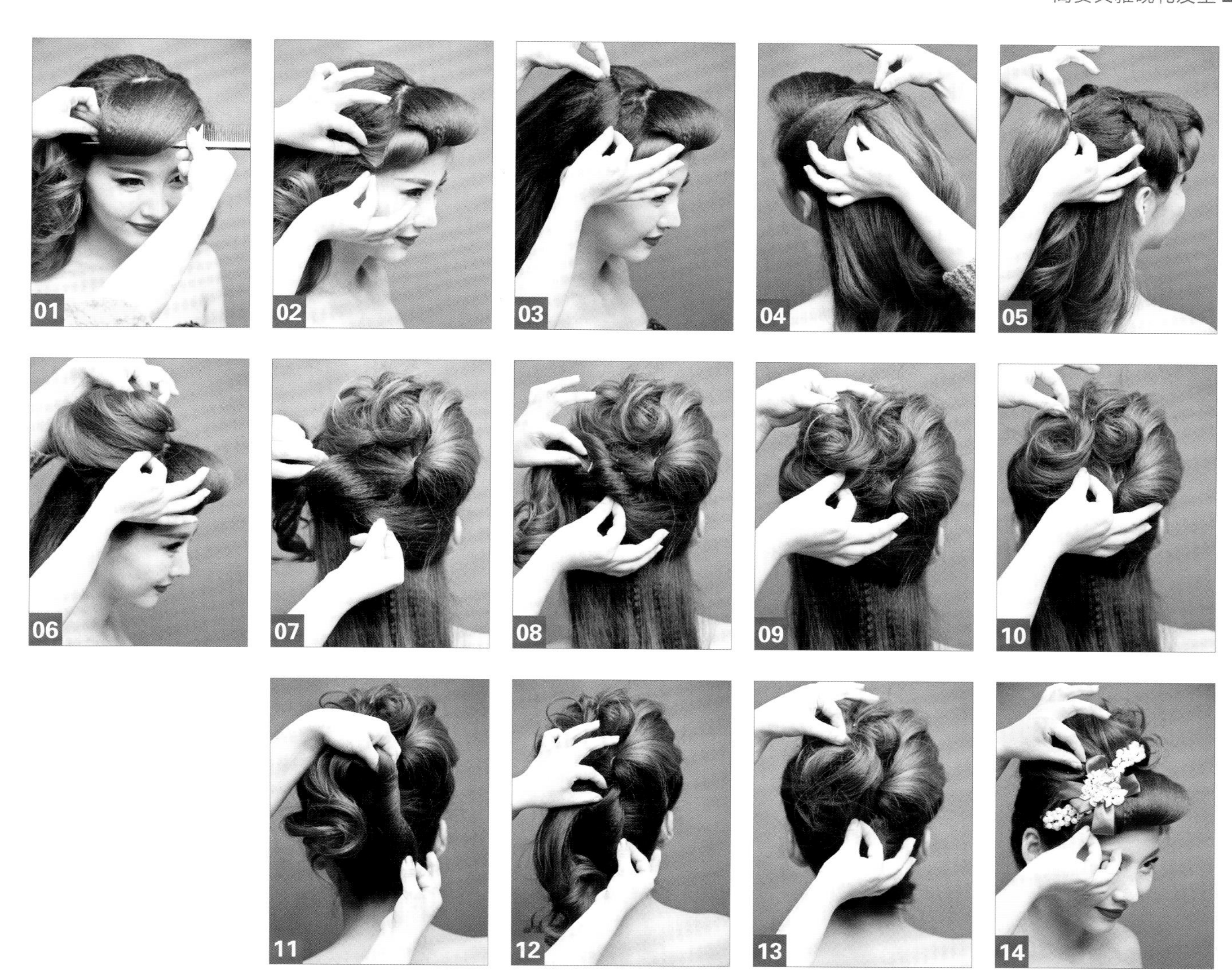

STEP 01 将发梢用电卷棒制造出纹理，以尖尾梳为轴将刘海区的头发向下扣卷并固定。

STEP 02 将扣卷后的头发剩余的发尾继续向内扣卷，用发卡固定。

STEP 03 将侧发区的头发内侧倒梳，将表面梳光后向上提拉，扭转并固定在顶发区。

STEP 04 将另一侧发区的头发按照同样的方式操作。

STEP 05 将顶发区的头发连同两侧汇集的头发用皮筋固定成一个侧马尾。

STEP 06 将马尾的头发倒梳，向前翻转打卷。

STEP 07 将后发区剩余的头发内侧倒梳，向一侧提拉并扭转。

STEP 08 将扭转后的头发用发卡固定。

STEP 09 将剩余的头发继续向上扭转并固定。

STEP 10 用手整理头发表面的层次和纹理。

STEP 11 将后发区剩余的最后一片头发内侧倒梳，将表面梳光，向上提拉并扭转。

STEP 12 将扭转后的头发用发卡固定。

STEP 13 将剩余的发尾继续向上扭转出层次，和顶发区的头发衔接。

STEP 14 佩戴饰品，进行点缀。造型完成。

造型提示

此款发型以下扣卷和打卷的手法操作而成。刘海区的头发应形成连环扣卷的感觉，在扣卷的时候注意彼此之间的自然衔接。

STEP 01 将刘海区连同一侧发区的头发向上提拉并扭转。

STEP 02 将扭转好的头发在顶发区位置固定。

STEP 03 将另外一侧发区的头发向上提拉并扭转。

STEP 04 将扭转好的头发在顶发区位置固定，与之前固定的头发相互衔接。

STEP 05 将后发区剩余的头发向上提拉，做扭包的效果，将其固定牢固。

STEP 06 将固定好之后剩余的发尾调整出层次感，进行细节固定。

STEP 07 在前、后发区衔接处佩戴饰品，进行点缀。

STEP 08 用发丝修饰固定好的饰品，使饰品与造型结构之间的衔接更自然。造型完成。

造型提示

此款发型以扭包的手法操作而成。注意整体造型应呈现松散自然的感觉，不要做成光滑的盘发。

STEP 01 将刘海区的头发倒梳，将表面梳光，用尖尾梳辅助向前拉抻头发。

STEP 02 将头发向下扣卷并将其固定牢固。

STEP 03 将后发区一侧的头发以尖尾梳为轴向上翻卷并固定。

STEP 04 在其下方继续取头发，以尖尾梳为轴向上翻卷并固定。

STEP 05 将另外一侧发区的头发以尖尾梳为轴向后翻卷并固定。

STEP 06 将后发区的头发以尖尾梳为轴向上翻卷并固定。

STEP 07 固定好之后对其结构感做出调整，进行更细致的固定。

STEP 08 在刘海一侧佩戴造型花，进行点缀。

STEP 09 在造型花前佩戴水钻饰品。造型完成。

造型提示

此款发型以倒梳和下扣卷的手法操作而成。此款造型最重要的是刘海区的头发的饱满度，所以倒梳的时候应尽量使其发量充足，衔接度要好。

STEP 01 在头顶佩戴饰品，进行点缀。

STEP 02 将一侧发区的头发用三带一的形式向后发区编发。

STEP 03 将刘海区的头发在一侧向下扣卷。

STEP 04 将刘海区剩余的发尾连接后发区的头发，向后发区进行三带一编发。

STEP 05 将编好的头发用皮筋收尾固定。

STEP 06 将左右两侧的辫子在后发区底端连接在一起并固定。

STEP 07 将剩余的头发向下扣卷，包裹辫子固定的位置。造型完成。

造型提示

此款发型以三带一编发和下扣卷的手法操作而成。注意刘海区的弧度应呈现一定的隆起状态，在造型的时候可以适当用尖尾梳的尖尾对其做调整。

STEP 01 在头顶一侧佩戴饰品，进行点缀。

STEP 02 将刘海区的头发向下扣卷，对饰品进行适当的遮挡。

STEP 03 将扣卷之后剩余的发尾向上扭转并固定。

STEP 04 将后发区一侧的头发向顶发区扣转打卷并固定。

STEP 05 将后发区的头发倒梳，增加其层次感。

STEP 06 将倒梳好的头发扭转，将其固定在刘海区的头发后方。

STEP 07 将另外一侧发区的头发向头顶收拢，用尖尾梳将其表面梳理光滑。

STEP 08 将收拢好的头发的发尾打卷，在头顶固定。

STEP 09 在后发区取一片头发，向上提拉，扭转并固定。

STEP 10 将剩余的头发向上提拉，扭转并固定。造型完成。

造型提示

此款发型以下扣卷和打卷的手法操作而成。后发区的头发呈向上收拢的状态，所以要注意不要出现拖沓的感觉，要用发卡将其固定得牢固些。

STEP 01 将一侧发区的头发用三连编的形式向后发区编发。

STEP 02 将编好的头发固定好，向上扭转后固定。

STEP 03 将剩余后发区的头发用三连编的方式编发。

STEP 04 将编好的头发向上盘绕并固定。

STEP 05 将刘海区的头发向上提拉并倒梳。

STEP 06 将刘海区的头发隆起之后用发卡在一侧固定。

STEP 07 将固定好之后的头发向上翻卷，再次固定。

STEP 08 将翻卷好之后的发尾继续打卷并固定。

STEP 09 在后发区佩戴饰品，进行点缀。

STEP 10 在刘海区佩戴蝴蝶结，进行点缀。

STEP 11 在后发区发辫上固定小蝴蝶结，进行点缀。造型完成。

造型提示

此款发型以上翻卷和三连编编发的手法操作而成。要注意刘海区隆起的弧度感。刘海区的固定很重要，蝴蝶结饰品又刚好将固定用的发卡进行了隐藏。

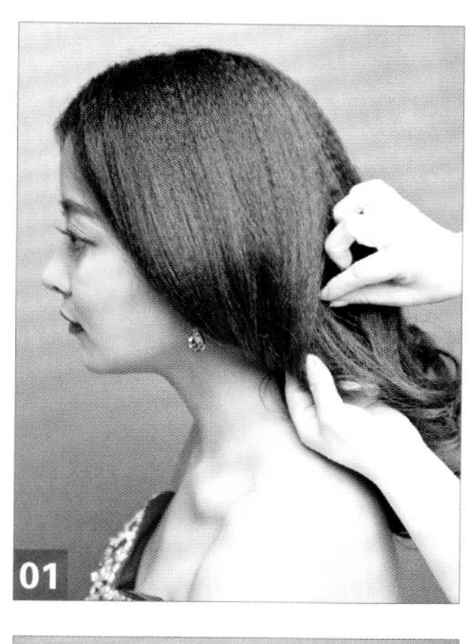
01

02

03

04

05

06

07

08

09

STEP 01 将一侧刘海区的头发向下扣卷并在后发区同一侧固定。

STEP 02 将另外一侧刘海区的头发用同样的方式操作。

STEP 03 在固定的时候可以多用几个发卡，保证其牢固度。

STEP 04 将顶发区的头发向后发区一侧扭转并固定牢固。

STEP 05 将后发区下方一侧的头发向上扭转并固定。

STEP 06 将后发区的头发向上盘绕，固定在一侧。

STEP 07 在一侧佩戴造型花，进行点缀。

STEP 08 在另外一侧佩戴造型花，进行点缀。

STEP 09 佩戴饰品，对一侧刘海区进行修饰。造型完成。

造型提示

此款发型以下扣卷的手法操作而成。两侧造型花佩戴的数量不一样，佩戴造型花比较多的一侧可使后发区的轮廓更加饱满。

STEP 01 将一侧发区的头发向后进行三股辫编发，注意调整编发的角度。

STEP 02 将编好的头发用皮筋扎起，固定牢固。

STEP 03 将后发区的头发从一侧开始进行三带一编发。

STEP 04 将编好的头发用皮筋扎好，固定牢固。

STEP 05 从另外一侧发区取头发，进行三带一编发。

STEP 06 将编好的辫子收尾固定。

STEP 07 将一侧发区的辫子带向另外一侧发区。

STEP 08 将头发在另外一侧发区固定牢固。

STEP 09 将另外一侧发区的辫子向反方向带。将其发尾藏好后固定。

STEP 10 将后发区的辫子向上带至一侧。

STEP 11 将刘海区的头发在一侧下连排发卡固定。

STEP 12 将固定好的刘海的头发以尖尾梳为轴做上翻卷。

STEP 13 将剩余发尾在后发区继续打卷。

STEP 14 在刘海区与侧发区的衔接处佩戴饰品，进行点缀。造型完成。

造型提示

此款发型以三带一编发和上翻卷的手法操作而成。注意要用刘海区的翻卷修饰固定辫子时外露的发卡。另外，辫子在后发区相互交叉，最终要形成饱满的弧度。

STEP 01 将后发区的头发扎马尾。
STEP 02 将一侧发区的头发向后提拉并扭转，固定在后发区。
STEP 03 将固定好的头发的剩余发尾向上打卷。
STEP 04 将马尾的头发用发卡向前固定。
STEP 05 将固定好的头发向上提拉并向后打卷。
STEP 06 打好卷之后用发卡将其固定牢固。
STEP 07 将另外一侧发区的头发向后提拉并扭转，固定在后发区。
STEP 08 将固定好之后的头发的发尾向前打卷，固定在头顶。
STEP 09 将剩余发区的头发做卷，固定在后发区。
STEP 10 将倒梳好的刘海区的头发向后扭转，使刘海区呈现饱满立体的感觉。
STEP 11 在剩余发尾中分出一片，向上打卷。
STEP 12 继续用发尾向上打卷。
STEP 13 继续打卷，固定在一侧。
STEP 14 将剩余的发尾向上提拉并打卷，发卡要隐藏好。
STEP 15 在两侧分别佩戴饰品，进行点缀。

造型提示

此款造型以打卷和扎马尾的手法操作而成。此款造型最重要的是刘海区域的饱满度，在扭转刘海头发的时候要适当调整角度并注意观察，使其更加饱满。

STEP 01 将一侧发区的头发用三带一的形式编发。

STEP 02 边编发边向另外一侧发区带头发，注意随时调整编发的角度。

STEP 03 编发至另外一侧发区，带入另外一侧发区的头发。

STEP 04 继续向下编发，带入后发区的头发。

STEP 05 将编好的辫子收尾，用皮筋将其固定牢固。

STEP 06 将辫子向上扭转后固定，注意固定的牢固度。

STEP 07 将后发区另外一侧的头发进行三带一编发。

STEP 08 编发的同时带入后发区之前编好的辫子的发尾。

STEP 09 将辫子向上扭转并固定牢固。

STEP 10 在固定的时候注意对辫子的收尾，将发卡隐藏好。

STEP 11 将保留的少量头发用手调整出层次感。

STEP 12 将梳理干净的刘海区的头发在一侧向上翻卷并进行造型。

STEP 13 将固定好的头发的剩余发尾打卷，固定并调整其轮廓。

STEP 14 在一侧佩戴饰品，进行点缀。

STEP 15 调整饰品上造型纱的角度，对面部进行适当遮挡。造型完成。

造型提示

此款造型以三带一编发和打卷的手法操作而成。在进行三带一编发的时候，涉及两侧发区及后发区，所以要适当调整编发角度，并不断变化操作者身体的方位，这样才能将辫子编得流畅、弧度饱满。

【复古优雅晚礼发型】

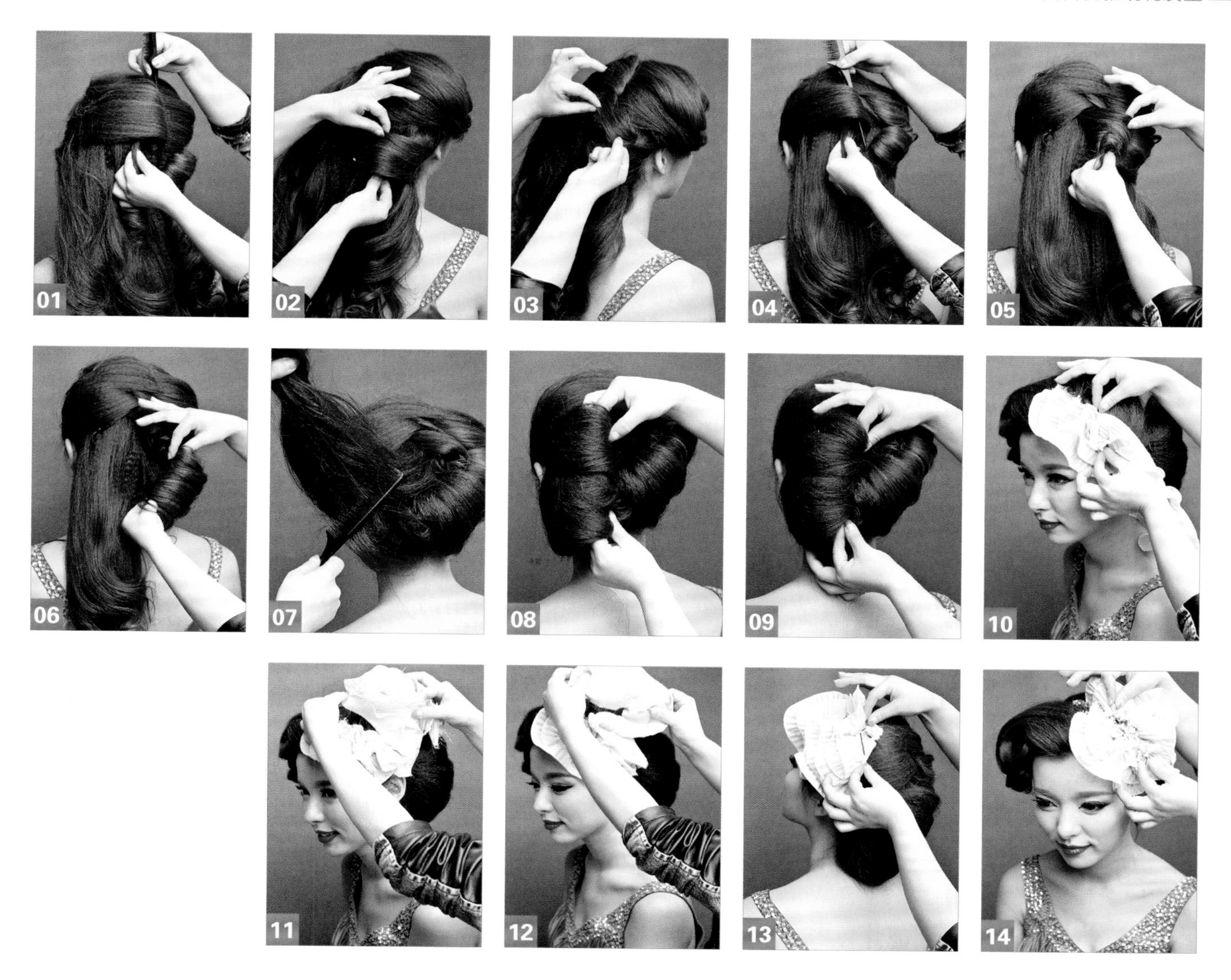

STEP 01 将刘海区及侧发区的头发内侧倒梳，将表面梳光，以尖尾梳为轴继续向下扣卷。

STEP 02 将后发区的头发内侧倒梳，将表面梳光，向内打卷并固定。

STEP 03 将剩余的发尾继续扭转。

STEP 04 将后发区的头发内侧倒梳，将表面梳光，以尖尾梳为转轴继续向内打卷。

STEP 05 将打好的卷用发卡固定，将剩余的头发继续扭转。

STEP 06 将后发区剩余的头发内侧倒梳，将表面梳光后向上翻卷。

STEP 07 将最后一片头发提拉倒梳。

STEP 08 将倒梳过的头发表面梳光，向内打卷。

STEP 09 将打好的卷用发卡固定，在固定的时候注意调整卷的弧形。

STEP 10 在刘海区和侧发区的交界处固定造型布。

STEP 11 将布抓出褶皱，用发卡固定。

STEP 12 将剩余的布继续抓出褶皱。

STEP 13 将抓好的布用发卡固定。

STEP 14 在造型布上点缀饰品，强调造型的饱满度。造型完成。

造型提示

此款发型以下扣卷和打卷的手法操作而成。在抓造型布的时候，要将布抓出花形，并且将发卡隐藏好。

STEP 01 将刘海区的头发内侧倒梳，向下扣卷并固定。

STEP 02 继续取后发区发片，向下扣卷，扣卷的时候注意使其形成衔接。

STEP 03 将扣卷的头发用发卡固定，注意发卡不要外露。

STEP 04 将侧发区的头发提拉，将内侧倒梳，将表面梳理光滑。

STEP 05 将梳理后的头发向内扣卷并固定。

STEP 06 将剩余的头发内侧倒梳，将表面梳光，向上提拉并翻卷。

STEP 07 将翻卷后的头发用发卡固定。

STEP 08 佩戴饰品，进行点缀。造型完成。

造型提示

此款发型以下扣卷和上翻卷的手法操作而成。将刘海区的头发扣卷的时候，应使其形成整体结构感。为了不让头发下塌，要将发根的位置进行充分的倒梳。

STEP 01 将发梢做烫卷处理，将侧发区的头发内侧倒梳，将表面梳光，向后提拉并扭转。

STEP 02 将侧发区的头发继续向内打卷。

STEP 03 将后发区的头发内侧倒梳，将表面梳光后向上提拉，翻卷并固定。

STEP 04 将剩余的头发内侧倒梳，继续向上翻卷并固定。

STEP 05 将翻卷后的头发用发卡固定。

STEP 06 将剩余的头发内侧倒梳后向上提拉，翻卷并固定。

STEP 07 将刘海区的头发用尖尾梳倒梳。

STEP 08 将倒梳后的头发向后发区扭转。

STEP 09 用手整理头发表面的层次和纹理。

STEP 10 佩戴饰品，进行点缀。造型完成。

造型提示

此款发型以上翻卷和倒梳的手法操作而成。在向上翻卷的时候，注意翻起的角度是斜向后的，这样做是为了照顾到侧面的整体轮廓感。

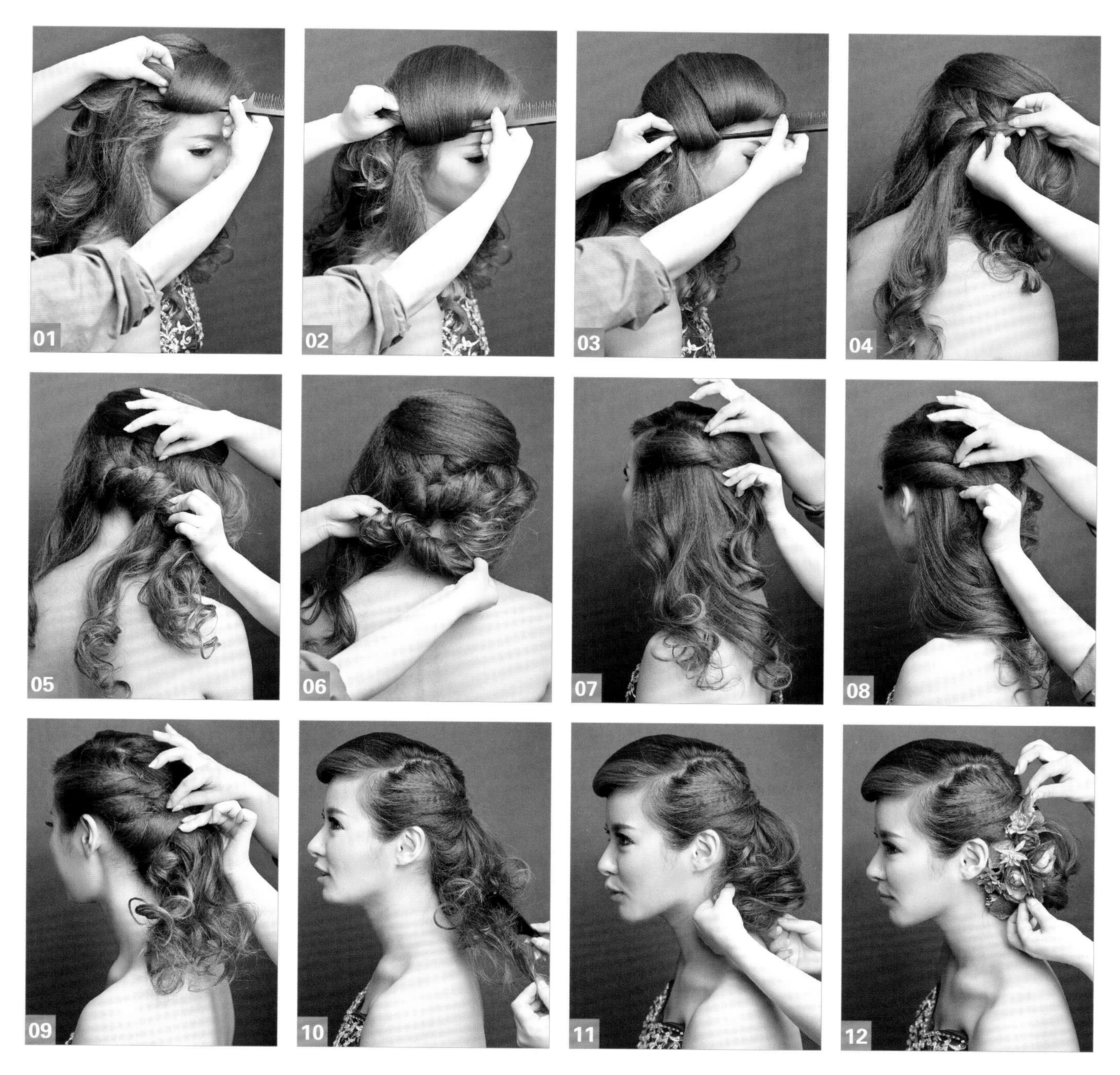

STEP 01 将刘海区的头发内侧倒梳，将表面梳光，以尖尾梳为轴向下扣卷。
STEP 02 将顶发区的头发内侧倒梳，将表面梳光，以尖尾梳为轴继续向下扣卷并固定。
STEP 03 继续将发片内侧倒梳，将表面梳光，向下扣卷。
STEP 04 将后发区的头发以三连编的方式编发。
STEP 05 将编好的发辫向内扭转并固定。
STEP 06 将剩余的头发继续向一侧提拉并扭转。
STEP 07 将侧发区的头发内侧倒梳，将表面梳光，向内扭转并固定。
STEP 08 将侧发区剩余的头发向后发区扭转并固定。
STEP 09 将后发区剩余的头发内侧倒梳，向内扣卷并固定。
STEP 10 将剩余的发尾用尖尾梳倒梳。
STEP 11 将倒梳后的头发用手整理出层次和纹理。
STEP 12 佩戴造型花，进行点缀。造型完成。

造型提示

此款发型以下扣卷和三连编编发的手法操作而成。注意刘海区的结构是用连续的下扣卷打造成的，这样做可以更好地丰富刘海区结构的角度，并使其更加饱满。

STEP 01 将侧发区的头发以三股连编的方式编发。

STEP 02 编发至后发区，收尾固定。

STEP 03 将侧发区的头发以三带一的方式向后发区编发。

STEP 04 将发辫编至后发区，用发卡固定。

STEP 05 用暗卡将后发区两边的头发衔接到一起。

STEP 06 将剩余的部分头发内侧倒梳，将表面梳光，向上提拉、翻卷并固定。

STEP 07 将剩余的部分头发内侧倒梳，将表面梳光，向上翻卷并固定。

STEP 08 将剩余的头发内侧倒梳，将表面梳光，向内翻卷并固定。

STEP 09 固定的时候用暗卡将卷筒衔接到一起。

STEP 10 将刘海区的头发内侧倒梳，将表面梳光后向侧发区梳理。

STEP 11 以尖尾梳为轴，将刘海区的头发向侧发区翻卷并固定。

STEP 12 将剩余的发尾继续扭转并打卷。

STEP 13 将扭转后的发卷用发卡固定。

STEP 14 在后发区佩戴饰品，进行点缀。造型完成。

造型提示

此款发型以三带一编发和上翻卷的手法操作而成。注意后发区的发卷应相互结合，形成后发区饱满的轮廓。

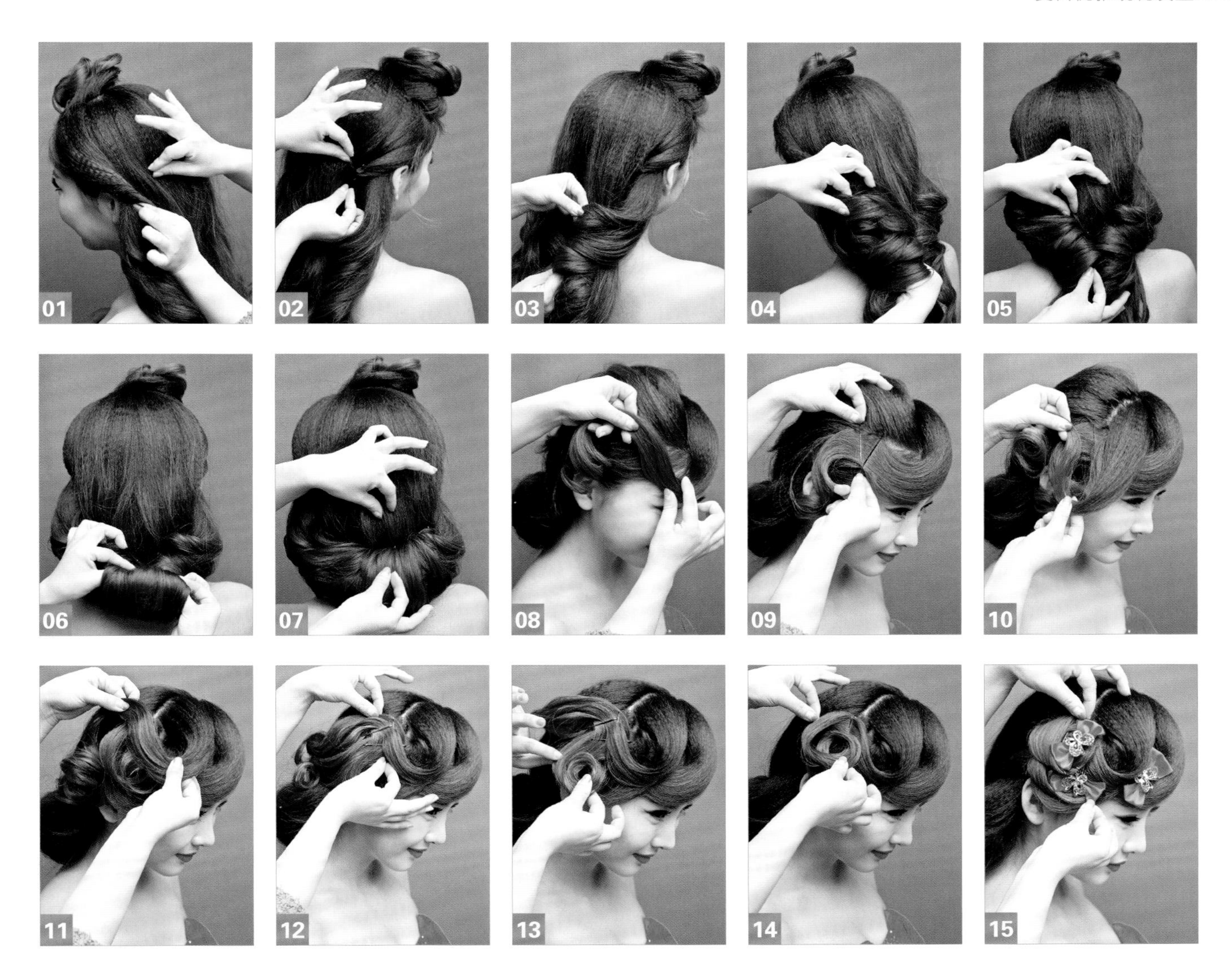

STEP 01 将侧发区的头发向后发区扭转并固定。

STEP 02 另一侧头发以同样的方式操作。

STEP 03 将后发区剩余的头发向内扭转并固定。

STEP 04 另一侧头发以同样的方式操作。

STEP 05 用暗卡将后发区两侧的头发衔接。

STEP 06 将最后一片头发向上翻转打卷。

STEP 07 用发卡将翻转的卷筒固定，注意和后发区两侧的头发衔接到一起。

STEP 08 将刘海区的头发推拉出弧形的轮廓。

STEP 09 用发卡将做好的弧形刘海固定。

STEP 10 将剩余的刘海区的头发继续推拉出弧形的轮廓。

STEP 11 将刘海区剩余的发片继续推拉出弧形的轮廓，覆盖下方头发的表面。

STEP 12 用发卡将刘海区的头发固定。

STEP 13 将刘海区的头发剩余的发尾继续打卷。

STEP 14 将扭转后的头发固定，将剩余的发尾继续扭转打卷。

STEP 15 在刘海区用蝴蝶结进行点缀。造型完成。

造型提示

此款造型以手摆波纹和上翻卷的手法操作而成。刘海区的弧形最终形成的是手摆波纹的效果，在推拉的时候，表面的发丝要顺畅，不要产生毛糙的感觉。

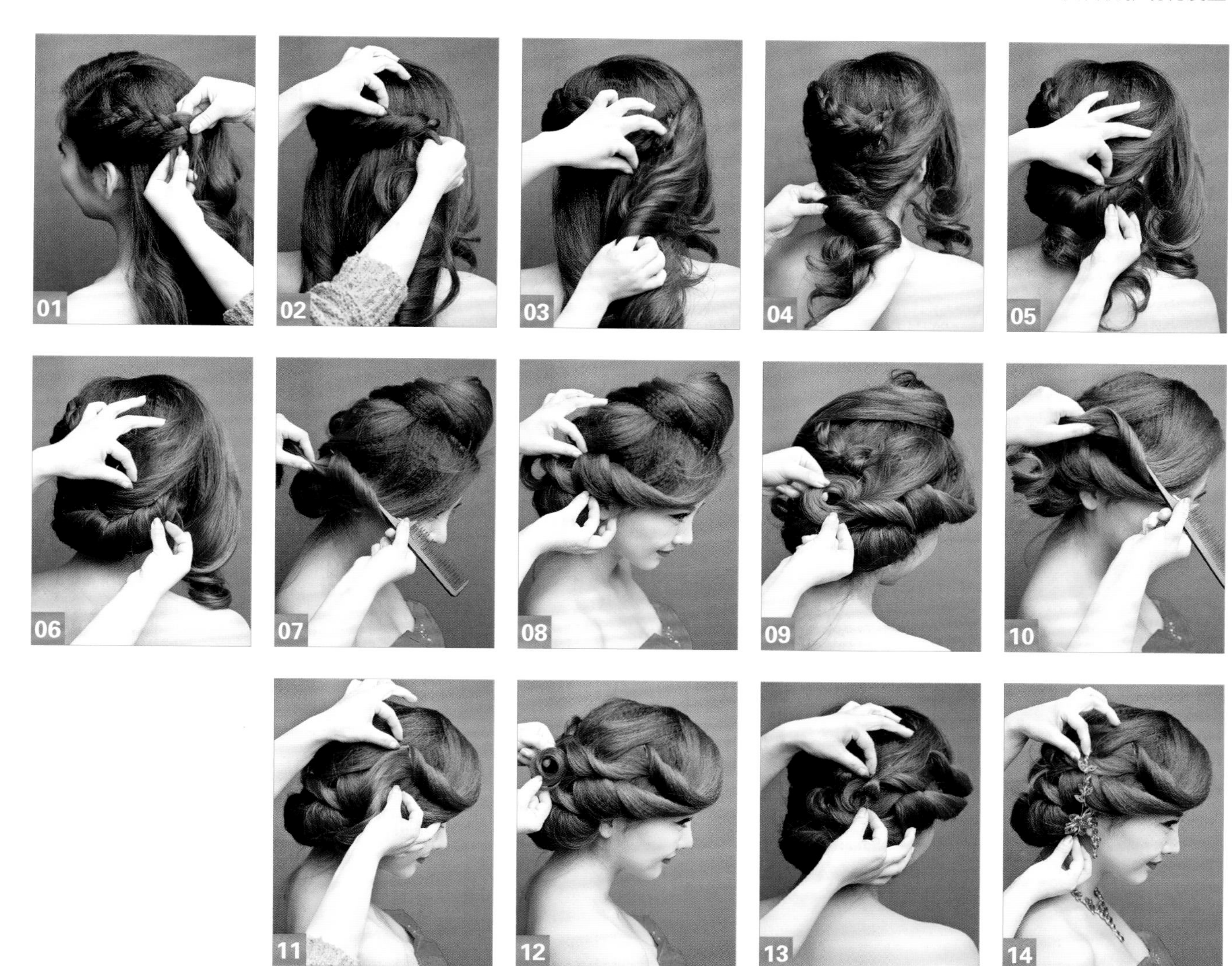

STEP 01 将侧发区的头发以三带一的形式向后发区编发。
STEP 02 将编好的发辫固定在后发区。
STEP 03 将后发区一侧的头发内侧倒梳，向内扭转。
STEP 04 将剩余的头发内侧倒梳，继续向上扭转打卷。
STEP 05 将扭转后的卷筒用发卡固定。
STEP 06 将剩余的发尾继续扭转，打卷并固定。
STEP 07 将侧发区的头发内侧倒梳，以尖尾梳为轴向上翻转打卷。
STEP 08 将翻转后的头发固定，将剩余的头发继续翻转，以连环卷的方式固定。
STEP 09 将剩余的发尾继续扭转打卷，固定在后发区，和卷筒形成衔接。
STEP 10 将刘海区的头发继续以尖尾梳为轴翻卷。
STEP 11 将翻卷好的弧度用发卡固定。
STEP 12 将剩余的发尾继续扭转打卷。
STEP 13 用发卡将扭转好的发卷固定在后发区。
STEP 14 佩戴饰品，进行点缀。造型完成。

造型提示

此款发型以三带一编发和打卷的手法操作而成。在三带一编发的时候，注意调整编发的角度，使其能与后发区的发卷自然的结合。

STEP 01　将头发用玉米夹处理蓬松，将内侧倒梳，用尖尾梳将头发表面梳光滑。
STEP 02　将侧发区的头发向后发区扭转出弧形的轮廓。
STEP 03　用发卡将扭转后的头发固定。
STEP 04　将另一侧发区的头发内侧倒梳，将表面梳光，向上翻转打卷并固定。
STEP 05　用发卡将打好的发卷固定。
STEP 06　将后发区剩余的头发内侧倒梳，将表面梳光，向上翻转打卷。
STEP 07　用发卡将打好的卷固定，和上方的头发形成衔接。
STEP 08　将剩余的头发继续扭转打卷。
STEP 09　用发卡将扭转好的头发固定，注意发卡不要外露。
STEP 10　将固定后剩余的发尾继续扭转打卷。
STEP 11　将剩余的一片头发内侧倒梳，将表面梳光，向上提拉并扭转。
STEP 12　用发卡将扭转后的头发固定。
STEP 13　在刘海区的位置佩戴饰品，进行点缀。造型完成。

造型提示

此款发型以上翻卷和打卷的手法操作而成。此款造型的结构偏向一侧的，注意在每个角度观察都应具有饱满的轮廓感。

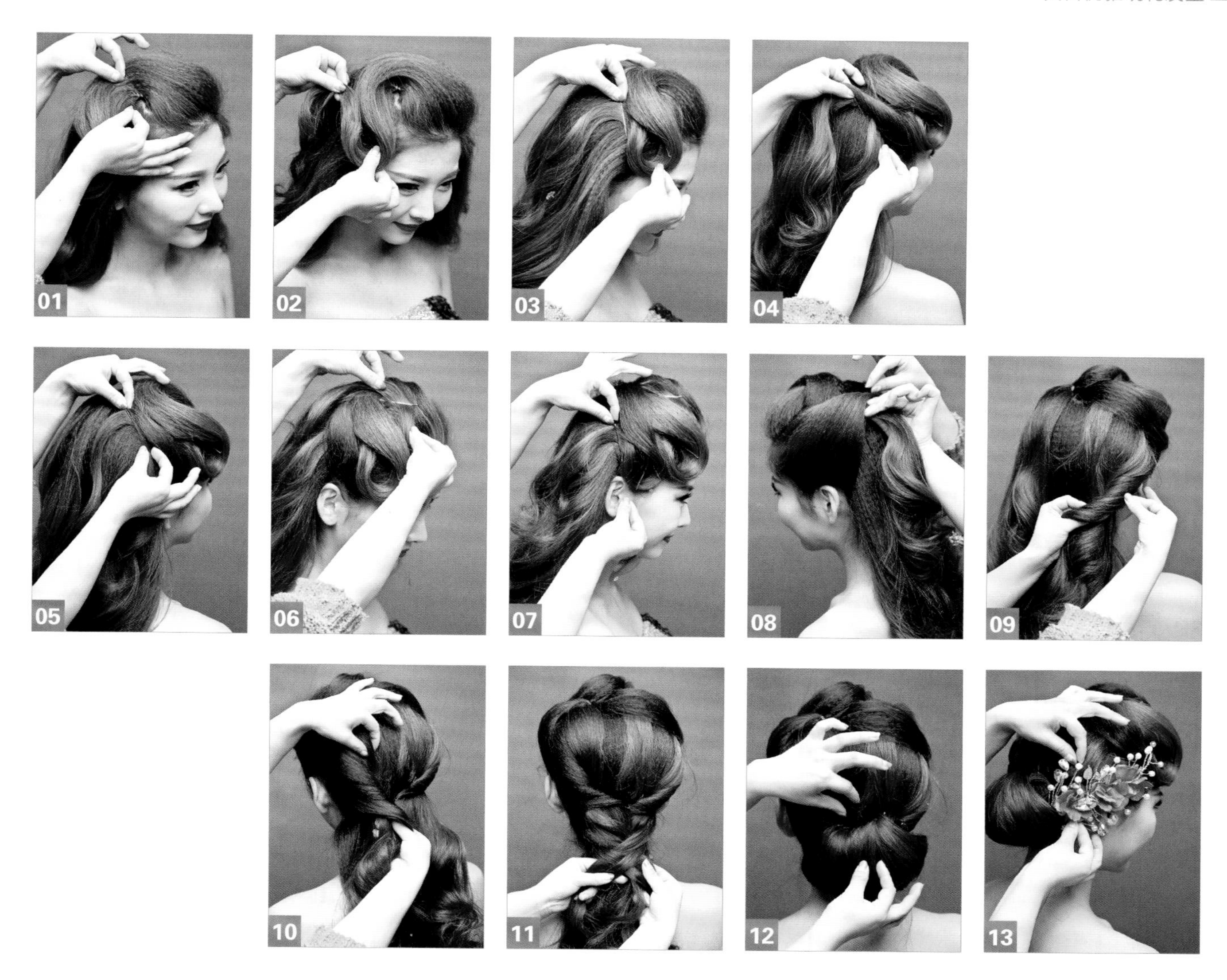

STEP 01 用尖尾梳将刘海区的头发向顶发区梳理出弧形，用发卡固定。

STEP 02 将剩余的发尾推拉出波纹形状。

STEP 03 用发卡将推拉出的波纹固定，波纹应呈现高低起伏的立体感。

STEP 04 将侧发区的头发内侧倒梳，将表面梳光，向后发区提拉并扭转。

STEP 05 用发卡将扭转后的头发固定。

STEP 06 将剩余的发尾向前提拉并扭转出波纹，用发卡固定在刘海区的位置。

STEP 07 将剩余的发尾继续扭转出波纹，固定在侧发区。

STEP 08 将另一侧的头发内侧倒梳，将表面梳光，向上提拉，扭转并固定。

STEP 09 将后发区剩余的头发向内扭转。

STEP 10 将后发区另一侧的头发内侧倒梳，将表面梳光，向内扭转并固定。

STEP 11 将剩余的头发以四股辫的形式收尾。

STEP 12 将编好的头发向上翻卷，做成发包状固定。

STEP 13 佩戴饰品，进行点缀。造型完成。

造型提示

此款发型以上翻卷和四股辫编发的手法操作而成。在造型的时候，注意刘海区波纹起伏的弧度感，可以将头发进行适当的倒梳，使其连接度更好，更易于推出波纹效果。

STEP 01 用玉米夹将头发处理蓬松，将刘海区的头发向一侧梳理，用发卡固定。

STEP 02 用手整理固定后剩余的头发，用暗卡将其固定在额侧的位置。

STEP 03 将侧发区的头发内侧倒梳，将表面梳光，向上翻转打卷。

STEP 04 将打好的发卷用发卡固定，整理刘海区剩余的发梢的层次和纹理。

STEP 05 用暗卡将刘海区的头发和侧发区的卷筒衔接到一起。

STEP 06 将另一侧的头发内侧倒梳，向后发区扭转并固定。

STEP 07 将扭转后的头发用发卡固定。

STEP 08 将剩余的头发内侧倒梳，将表面梳光，向上翻转打卷并固定。

STEP 09 将打好的发卷用发卡固定，固定的时候和侧发区的头发形成衔接。

STEP 10 将剩余的头发向一侧提拉，扭转并固定。

STEP 11 用发卡将扭转后的头发固定，注意和侧发区的头发衔接到一起。

STEP 12 在刘海区和侧发区的头发的缝隙处佩戴造型花，进行点缀。

STEP 13 在造型花的周围用插珠不规则地进行修饰。造型完成。

造型提示

此款发型以打卷和上翻卷的手法操作而成。花朵饰品不但起到了点缀的作用，并且对固定发卡的瑕疵位置进行了修饰。在造型的时候利用这种方法佩戴饰品，可以使造型更加完美。

STEP 01 将刘海区的头发向上提拉并倒梳。

STEP 02 将一侧发区的头发向后发区扭转并固定。

STEP 03 将另外一侧发区的头发向后发区扭转。

STEP 04 在后发区的中间位置将刘海区的头发固定得更加牢固。

STEP 05 将后发区一侧的头发斜向上翻卷并固定。

STEP 06 将后发区另外一侧的头发斜向上翻卷并固定。

STEP 07 在顶发区位置佩戴珍珠发卡，进行点缀。

STEP 08 在一侧佩戴造型花，进行点缀。

STEP 09 在另外一侧佩戴造型花，进行点缀。造型完成。

造型提示

此款发型以倒梳和上翻卷的手法操作而成。刘海区的头发要呈现饱满而有层次的感觉。可以适当用尖尾梳的尖尾对其做出调整。

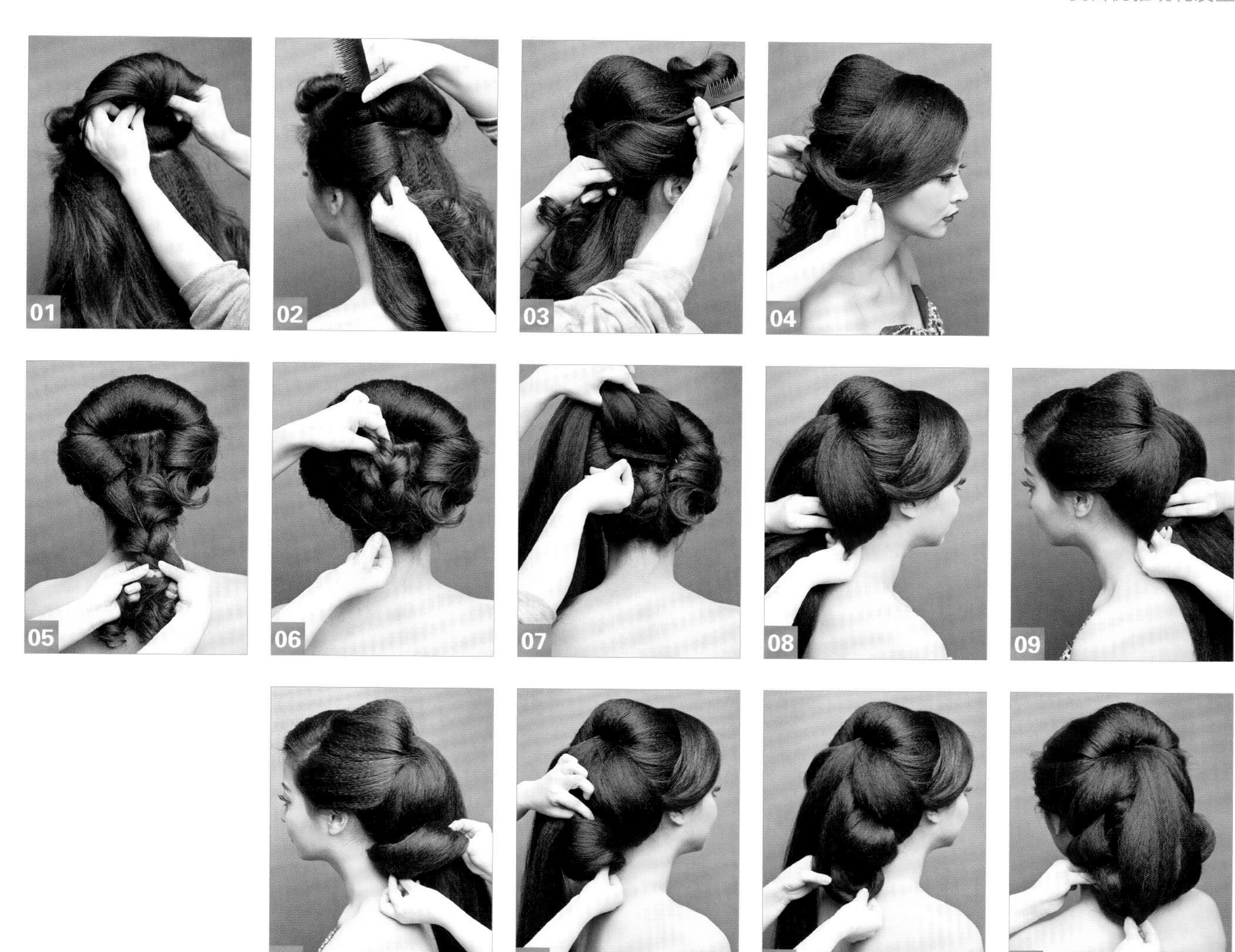

STEP 01 将顶发区的头发向上提拉并向下扣卷。
STEP 02 以尖尾梳为轴将一侧发区的头发向后翻卷。
STEP 03 以尖尾梳为轴将另外一侧发区的头发向后翻卷。
STEP 04 将刘海区的头发梳理至一侧，向上翻卷。
STEP 05 将剩余头发在后发区用三股辫的形式编发。
STEP 06 将编好的头发向上提拉并固定。
STEP 07 在后发区空隙的位置固定一片开口发片。
STEP 08 从发片中分出一片发片，在一侧扣转打卷。
STEP 09 继续分出一片发片，在另外一侧扣转打卷。
STEP 10 将扣转之后剩余的发尾向上打卷。
STEP 11 在另外一侧用同样的方式操作。
STEP 12 在剩余头发中分出一片发片，在后发区底端打卷。
STEP 13 将剩余的头发在后发区另外一侧打卷。造型完成。

造型提示

此款发型以三股辫编发和下扣卷的手法操作而成。假发的固定要牢固，如果不够牢固，假发很容易散落。另外，不够干净整洁的假发也会让造型看上去不够优雅。

STEP 01　将一侧发区的头发向后发区扭转并固定。
STEP 02　将另外一侧发区的头发用同样的方式操作。
STEP 03　将后发区一侧的头发向上盘绕，打卷并固定。
STEP 04　将后发区另外一侧的头发向相反的方向盘绕，打卷并固定。
STEP 05　将剩余头发继续向上盘绕，打卷并固定。
STEP 06　将刘海区的头发处理成手推波纹的效果。
STEP 07　将处理好的波纹进行细致的固定。
STEP 08　在后发区佩戴造型花，进行点缀。造型完成。

造型提示

此款发型以手推波纹和打卷的手法操作而成。打造此款造型的手推波纹时，可以用尖尾梳辅助推出波纹，并且在喷好干胶之后用吹风机吹干定型，然后摘除发卡。

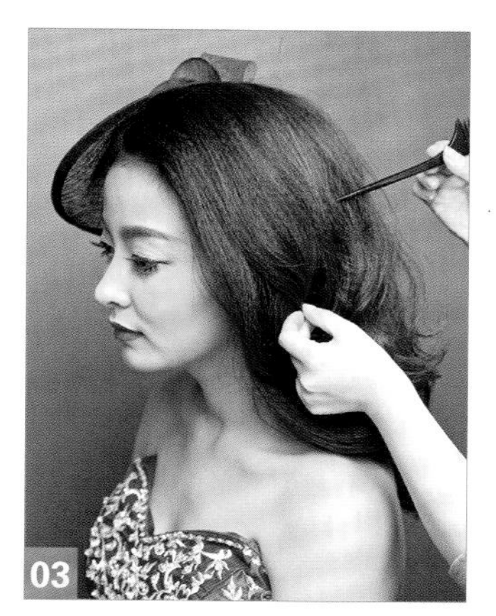

STEP 01 在头顶一侧佩戴造型礼帽并将其固定牢固。

STEP 02 将刘海区的头发向上提拉并倒梳，增加其发量和衔接度。

STEP 03 将倒梳好的头发在一侧整理出层次。

STEP 04 将整理好层次的头发向上自然翻卷。

STEP 05 将翻卷好的头发用发卡固定。

STEP 06 调整固定好的头发的角度并做更细致的固定。

STEP 07 将后发区一侧的头发向前扭转并固定牢固。

STEP 08 继续将后发区的剩余头发向前扭转并固定牢固。

STEP 09 将扭转之后的头发相互衔接在一起，进行细致的固定。造型完成。

造型提示

此款发型以倒梳和上翻卷的手法操作而成。打造此款造型时要注意造型外轮廓的弧度感，应边造型边对其轮廓感做出适当调整。

STEP 01 将刘海区的头发内侧倒梳，将表面梳光后向一侧梳理出弧形的轮廓。
STEP 02 用手调整刘海区的头发的弧度并固定。
STEP 03 将侧发区的头发内侧倒梳，将表面梳光，向上提拉并扭转。
STEP 04 将另一侧发区的头发提拉，将内侧倒梳。
STEP 05 将倒梳后的头发表面梳光，向上提拉并扭转，用发卡固定。
STEP 06 将后发区的头发内侧倒梳，将表面梳光后继续向上提拉并扭转。
STEP 07 将后发区左侧的头发内侧倒梳，将表面梳光，向内扣卷并固定。
STEP 08 将后发区剩余的头发内侧倒梳，将表面梳光，向上翻卷并固定。
STEP 09 将侧发区的头发向后扭转并固定。
STEP 10 在刘海区和侧发区的交界处佩戴饰品，进行点缀。
STEP 11 在侧发区和后发区的交界处佩戴造型花。造型完成。

造型提示

此款发型以倒梳和打卷的手法操作而成。其饰品佩戴采用的是与服装色彩、材质相互呼应的方式，这是一种常用的饰品佩戴方式。

STEP 01　将侧发区的头发向后发区扭转并固定。
STEP 02　将另一侧发区的头发按照同样的方式操作。
STEP 03　在刘海区的位置佩戴饰品。
STEP 04　将刘海区的头发内侧倒梳，将表面梳光。
STEP 05　将梳理过的发片以尖尾梳为轴向上翻卷并固定。
STEP 06　将之前固定的侧发区剩余的发尾向一侧提拉，扭转打卷并固定。
STEP 07　将后发区剩余的头发内侧倒梳，将表面梳光，向下扣卷。
STEP 08　将扣卷的头发用发卡固定，将剩余的发尾扭转打卷。
STEP 09　将后发区剩余的头发内侧倒梳，向一侧提拉并扭转。
STEP 10　将扭转后的头发用发卡固定，将剩余的发尾部分扭转打卷。
STEP 11　将后发区剩余的头发内侧倒梳，向一侧扭转并固定。
STEP 12　将剩余的发尾继续向内扣卷。
STEP 13　将剩余的头发按照三带一的方式编发。
STEP 14　将编好的发辫向一侧提拉，扭转并固定。
STEP 15　将剩余的发尾部分继续扭转出层次并固定。造型完成。

造型提示

此款造型以上翻卷和下扣卷的手法操作而成。在中间环节佩戴了饰品，这样做更有助于对饰品进行部分隐藏，使其能与造型更好地结合。

STEP 01 在刘海区和侧发区的交界处佩戴饰品。

STEP 02 将刘海区的头发内侧倒梳后向下扣卷。

STEP 03 将顶发区的头发内侧倒梳，将表面梳光后以尖尾梳为轴向前扣卷。

STEP 04 将剩余的发尾继续扭转打卷，形成刘海区的轮廓。

STEP 05 将后发区的头发内侧倒梳，将表面梳光，向前扭转打卷。

STEP 06 将后发区剩余的头发内侧倒梳，向上提拉并翻卷。

STEP 07 将后发区剩余的头发内侧倒梳，将表面梳光后向一侧扭转并固定。

STEP 08 将剩余的发尾继续扭转打卷。

STEP 09 将侧发区的头发内侧倒梳，将表面梳光后向内扭转。

STEP 10 将剩余的发尾继续扭转打卷。

STEP 11 将后发区剩余的头发向上提拉，扭转并固定，将发尾继续打卷。造型完成。

造型提示

此款发型以下扣卷和上翻卷的手法操作而成。在造型的时候，注意用发卷对饰品进行适当的遮挡，这样饰品才不会显得突兀。

STEP 01　用玉米夹将头发处理蓬松，用发卡将侧发区的头发固定。

STEP 02　将另一侧发区的头发内侧倒梳，将表面梳光后同样用发卡固定。

STEP 03　继续用发卡将后发区的头发固定。

STEP 04　用发卡将后发区整片头发固定。

STEP 05　将剩余的头发内侧倒梳后向上翻卷。

STEP 06　用发卡将翻卷后的头发固定，注意固定的点刚好遮挡发卡的位置。

STEP 07　将剩余的头发内侧倒梳，将表面梳光后继续向上翻卷。

STEP 08　将翻卷后的头发用发卡固定。

STEP 09　将剩余的头发内侧倒梳，将表面梳光后继续向上翻卷并固定。

STEP 10　在刘海区的位置佩戴饰品，进行点缀。造型完成。

造型提示

此款发型以上翻卷和倒梳的手法操作而成。两侧刘海区的头发要光滑干净，后发区不必梳理得过于光滑，这样会显得新娘年龄偏小。

STEP 01 用玉米夹将头发处理蓬松，在侧发区位置用十字交叉卡固定。

STEP 02 将刘海区的头发内侧倒梳。

STEP 03 将倒梳后的头发表面梳光，向前扣卷。

STEP 04 用发卡将发卷固定，注意扣卷要覆盖住发卡固定的位置。

STEP 05 将另一侧发区的头发内侧倒梳，将表面梳光。

STEP 06 将梳理后的头发向上提拉扭转。

STEP 07 将后发区的头发内侧倒梳，将表面梳光，向一侧扭转。

STEP 08 将剩余的发尾倒梳，向上翻卷。

STEP 09 将剩余的后发区的头发内侧倒梳，将表面梳光，向一侧扭转并固定。

STEP 10 将剩余的发尾继续扭转打卷。

STEP 11 在刘海区和侧发区衔接的位置佩戴饰品。造型完成。

造型提示

此款发型以上翻卷和打卷的手法操作而成。饰品所佩戴的位置起到了修饰造型瑕疵和衔接造型结构的作用。

STEP 01 将侧发区的头发内侧倒梳，将表面梳光，向后发区扭转并固定。
STEP 02 将后发区的头发内侧倒梳，将表面梳光，继续向上翻卷并固定。
STEP 03 将头发内侧倒梳，将表面梳光后向上翻卷。
STEP 04 将翻卷后的头发固定，注意和之前固定的头发形成衔接。
STEP 05 将侧发区的头发内侧倒梳，将表面梳光后向上翻卷。
STEP 06 继续将侧发区的头发内侧倒梳，向上翻卷。
STEP 07 将刘海区的头发内侧倒梳，向上翻卷，和侧发区的头发衔接。
STEP 08 在后发区和侧发区的交界处佩戴饰品，进行点缀。造型完成。

造型提示

此款发型以上翻卷和倒梳的手法操作而成。在向上翻卷的时候，注意造型结构之间的衔接，边翻卷边对其角度做出调整，使其更适应造型整体轮廓感的塑造。

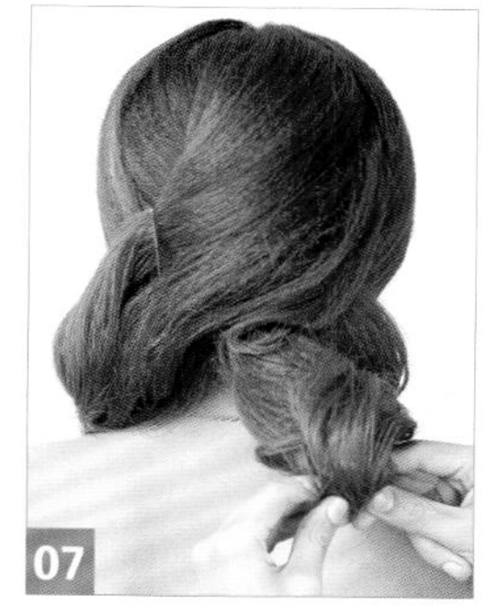

STEP 01 将后发区的头发扎马尾，马尾要扎得紧实。

STEP 02 将一侧发区的头发梳理整齐，从后发区马尾下方绕过，在马尾上固定。

STEP 03 将另外一侧发区的头发用同样的方式收在后发区。

STEP 04 将头顶的头发分两片，相互交叉叠加。

STEP 05 将其中一片头发扭转之后固定。

STEP 06 将另外一片头发在另外一侧用一个发卡固定。

STEP 07 将后发区底端的头发向上打卷。

STEP 08 将打好的卷固定并调整其轮廓感。

STEP 09 将头发在一侧打卷，将打好的卷在后发区一侧固定。

STEP 10 调整造型卷的轮廓感和饱满度。

STEP 11 将另外一侧剩余的发尾向上打卷。

STEP 12 细致调整固定好的造型卷的轮廓。

STEP 13 在头顶一侧佩戴饰品，进行点缀。造型完成。

造型提示

此款发型以打卷和扎马尾的手法操作而成。打造此款造型的时候，后发区两侧的造型卷要光滑干净并且具有饱满的感觉，可以在打卷的时候通过镜子观察摆放的方位。

【俏丽清新晚礼发型】

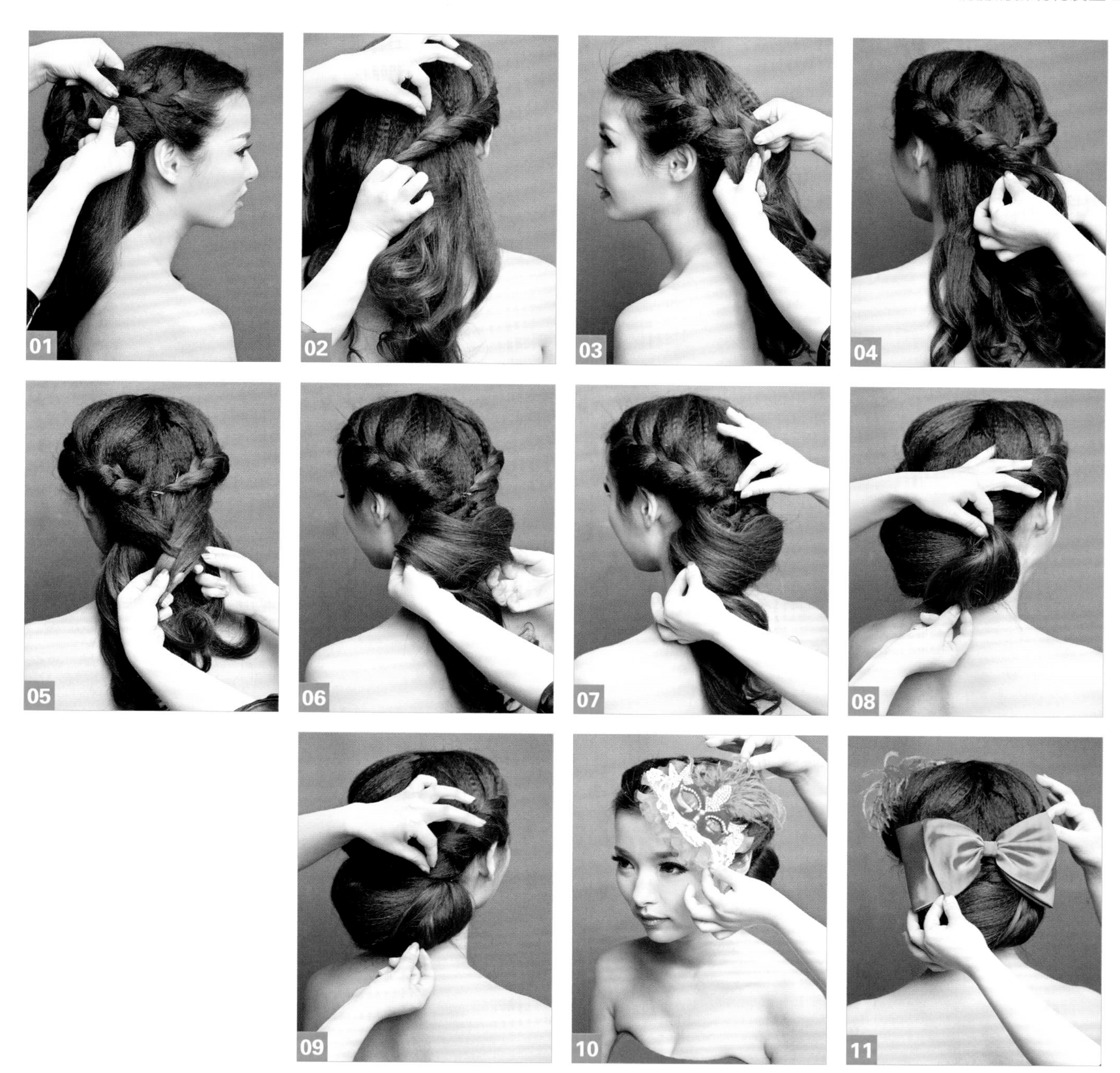

STEP 01　将所有头发用玉米夹处理蓬松，将侧发区的头发以三连编的方式编发。
STEP 02　编至后发区收尾。
STEP 03　另一侧头发同样以三连编的方式编发。
STEP 04　将编好的发辫用发卡固定，固定的时候注意将两侧的头发衔接在一起。
STEP 05　将后发区剩余的头发以四股辫的方式编发。
STEP 06　将后发区右侧的头发内侧倒梳，将表面梳光，向上翻卷，包裹住发辫。
STEP 07　将翻卷后的发卷用发卡固定。
STEP 08　将剩余的最后一片头发内侧倒梳，将表面梳光，向一侧提拉并扭转。
STEP 09　用发卡将扭转后的头发固定，注意和一侧的卷形成衔接。
STEP 10　在刘海区和侧发区的交界处佩戴饰品，进行点缀。
STEP 11　在后发区和顶发区的交界处佩戴蝴蝶结，进行点缀。造型完成。

造型提示

此款发型以三连编编发和四股辫编发的手法操作而成。在造型的时候，表面要光滑、干净，但不要显得过于紧绷，所以要尽量少喷发胶。

STEP 01 将头发用玉米夹处理蓬松，再用大号电卷棒将刘海区的头发烫卷。
STEP 02 将侧发区的头发内侧倒梳，将表面梳光，向后发区扭转。
STEP 03 用发卡将扭转后的头发固定。
STEP 04 将侧发区的头发向后发区扭转。
STEP 05 将扭转后的发片用发卡固定。
STEP 06 将后发区剩余的头发继续向上提拉并扭转。
STEP 07 将扭转后的头发固定，用手整理剩余发尾的层次。
STEP 08 将发尾调整出层次，用发卡固定。
STEP 09 将剩余的头发内侧倒梳，将表面梳光，以尖尾梳为轴向上翻卷并固定。
STEP 10 用手调整剩余发尾的层次和纹理。
STEP 11 将侧发区的头发用尖尾梳倒梳，向后扭转。
STEP 12 用发卡将扭转后的头发固定，将剩余的发尾继续向后发区扭转。
STEP 13 将另一侧剩余的卷发向后发区扭转。
STEP 14 用发卡将扭转后的头发固定。
STEP 15 在侧发区佩戴饰品，进行点缀。造型完成。

造型提示

此款造型以上翻卷和电卷棒烫发的手法操作而成。整体造型应呈现的自然的感觉，所以在固定后发区的头发时，不要将其提拉得过紧，那样会显得不够自然。

STEP 01 将刘海区的头发用尖尾梳倒梳，向后发区翻卷。
STEP 02 将侧发区的头发内侧继续倒梳，向一侧翻卷。
STEP 03 将扭转后的头发固定，将剩余的发尾部分继续扭转出层次。
STEP 04 提拉侧发区的头发，将内侧倒梳。
STEP 05 将倒梳后的头发向上提拉并扭转。
STEP 06 将后发区剩余的头发内侧继续倒梳。
STEP 07 将倒梳后的头发表面梳光，向上提拉，扭转并固定。
STEP 08 在后发区固定网眼纱。
STEP 09 将网眼纱进行抓纱处理。
STEP 10 继续处理剩余的网眼纱。
STEP 11 将抓好的纱固定，用手调整纱的结构和层次。
STEP 12 调整另一侧位置的纱。
STEP 13 在造型纱的表面固定饰品，进行修饰。造型完成。

造型提示

此款发型以抓纱的手法操作而成。要抓出一些自然的褶皱，不要将纱的褶皱抓得太小，那样会显得有些拘束，不符合造型的整体感觉。

STEP 01 将头发烫卷，沿头部围一圈造型纱并在头顶打结。

STEP 02 将造型纱抓出自然的褶皱和层次。

STEP 03 继续将造型纱抓出层次，边抓纱边调整固定的角度。

STEP 04 将后发区剩余的造型纱继续抓出层次。

STEP 05 将抓好的造型纱用发卡固定。

STEP 06 将后发区剩余的头发内侧倒梳，向内扭转。

STEP 07 将另一侧剩余的头发内侧倒梳，向内扭转。

STEP 08 将剩余的头发向上翻卷并固定。造型完成。

造型提示

此款发型以抓纱造型和上翻卷的手法操作而成。在抓纱的时候，要用造型纱对打结的位置进行适当的修饰，这样抓纱的整体效果才能呈现出比较自然的感觉。

STEP 01 用电卷棒将头发烫卷，用发卡将刘海区的头发在一侧固定。

STEP 02 将固定后剩余的头发向上提拉并翻卷。

STEP 03 将翻卷后的头发用发卡固定，并调整其层次。

STEP 04 将另一侧发区的头发内侧倒梳，将表面梳光，向上扭转并固定。

STEP 05 将后发区的头发内侧倒梳，将表面梳光，继续向内扭转并固定。

STEP 06 将后发区剩余的头发内侧倒梳，向上提拉，扭转并固定。

STEP 07 将剩余的发尾继续扭转出层次。

STEP 08 用手调整头发表面的层次和纹理。

STEP 09 在刘海区和侧发区的交界处佩戴造型花，进行点缀。造型完成。

造型提示

此款发型以上翻卷和电卷棒烫发的手法操作而成。佩戴好造型花之后要用发丝对造型花进行适当的修饰，这样可以使饰品与造型之间的结合更加自然。

STEP 01　将侧发区的头发以三带一的方式编发。

STEP 02　将发辫向后发区延伸，注意发辫应保持适当的松散。

STEP 03　将编好的发辫向内扭转，用发卡固定。

STEP 04　将后发区剩余的头发内侧倒梳，将表面梳光。

STEP 05　将梳光后的头发向内扭转并固定。

STEP 06　将后发区剩余的头发内侧倒梳，将表面梳光，向上扭转。

STEP 07　将扭转后的头发固定，用手调整剩余发尾的层次。

STEP 08　将剩余的头发内侧倒梳，将表面梳光，以尖尾梳为轴向下扣卷并固定。

STEP 09　用手将刘海区的头发扭转打卷。

STEP 10　将剩余的刘海区的头发以尖尾梳为轴向内扭转并固定。

STEP 11　将剩余的发尾向一侧扭转打卷。

STEP 12　继续将剩余的头发扭转打卷，和一侧的头发衔接。

STEP 13　在侧发区和刘海区的交界处佩戴饰品，进行点缀。造型完成。

造型提示

此款发型以三带一编发和打卷的手法操作而成。后发区一侧的造型层次要自然，因为这会影响整个造型的轮廓感。

01

02

03

04

05

06

07

08

09

STEP 01 将刘海区的头发向前扣卷并固定。
STEP 02 将一侧发区的头发向上提拉并扭转，在头顶固定。
STEP 03 将另外一侧发区的头发向上提拉，扭转并固定。
STEP 04 用气垫梳将一侧发区的头发梳理顺滑。
STEP 05 根据梳理好的弧度将头发进行隐藏式的固定。
STEP 06 用气垫梳将另外一侧发区的头发梳理顺滑。
STEP 07 将梳理好的头发进行隐藏式固定。
STEP 08 在头顶佩戴造型花，进行点缀。
STEP 09 在造型花表面佩戴网眼纱，进行修饰。造型完成。

造型提示

此款发型以下扣卷的手法操作而成。这是一款比较自然的造型，首先要用电卷棒将两侧发区的头发烫卷，这样才能用气垫梳将其梳理得出理想的弯度。

01

02

03

04

05

06

07

08

09

10

11

12

13

14

15

STEP 01 将刘海区的头发向前推，扭转并固定。

STEP 02 将剩余的发尾打卷并将其固定在头顶。

STEP 03 将一侧发区的部分头发向上提拉，扭转并固定。

STEP 04 将剩余的头发向上提拉，扣转并固定。

STEP 05 将后发区一侧的部分头发向头顶方向提拉，扭转并固定。

STEP 06 在后发区分出一片头发，向上扭转并固定。

STEP 07 将后发区中间部分的头发向上提拉，扭转并固定。

STEP 08 将后发区剩余的头发向上扭转并固定。

STEP 09 将头发进行隐藏式固定，使其更具有方向感。

STEP 10 将一侧发区的头发向后扭转并在后发区固定，将发尾向前拉。

STEP 11 将发尾在后发区一侧固定。

STEP 12 调整发尾的层次感。可以对局部位置倒梳，使其更加具有层次感。

STEP 13 用发尾适当修饰额角的位置。

STEP 14 佩戴造型花，进行点缀，可以修饰在发卡固定的位置。

STEP 15 在另外一侧佩戴造型花，进行点缀。造型完成。

造型提示

此款造型以打卷和倒梳的手法操作而成。造型的重点是刘海的结构处理和角度的控制，刘海呈现隆起状态，一定要固定牢固，否则很难达到造型效果。

STEP 01 将一侧刘海的一部分向后扭转并固定。
STEP 02 将侧发区剩余的头发向上扭转，在后发区固定。
STEP 03 将其中一片头发的发尾向前打卷并固定。
STEP 04 将另外一片头发向上打卷并固定。
STEP 05 从侧发区的头发中分出一片，向上打卷。
STEP 06 将剩余后发区中心线内的头发继续向上打卷并固定。
STEP 07 将另外一侧的刘海向后扭转并固定。
STEP 08 将侧发区的头发向上打卷并固定。
STEP 09 继续分出一片头发，向上打卷。
STEP 10 将发卷固定牢固并将发卡隐藏好。
STEP 11 将剩余头发继续向上打卷。
STEP 12 调整发卷的轮廓和弧度。
STEP 13 在一侧固定一条珍珠链子的一端。
STEP 14 在另外一侧固定珍珠链子的另一端。
STEP 15 佩戴造型花，进行点缀。造型完成。

造型提示

此款造型以打卷和上翻卷的手法操作而成。两侧的发卷要固定出层次感和立体感，所以在固定的时候要有前后之分和大小之分。

STEP 01　将一侧发区的头发用三连编的形式编发。
STEP 02　边向后编发边带入后发区的头发，注意调整辫子的松紧度。
STEP 03　用三股辫的形式收尾。
STEP 04　在另外一侧用三股辫的形式向后编发。
STEP 05　边向后编发边带入后发区的头发，用三股辫的形式收尾。
STEP 06　将顶发区的头发在后发区扭转，固定在后发区的底端。
STEP 07　将辫子与剩余的头发编绕在一起。
STEP 08　编绕好之后将其固定在一侧。
STEP 09　在头顶一侧佩戴造型纱，进行点缀。
STEP 10　调整好造型纱的层次，进行隐藏式的固定。
STEP 11　在头顶佩戴造型花。造型完成。

造型提示

此款发型以三连编编发和三股辫编发的手法操作而成。将顶发区的头发在后发区扭转的目的是便于固定，并且有助于塑造后发区的造型轮廓。

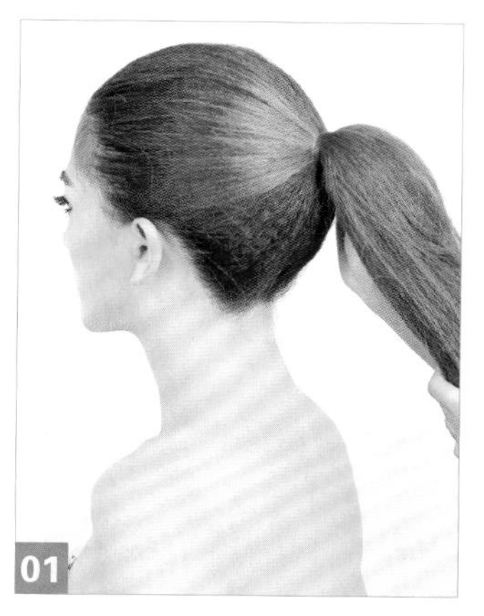
01

02

03

04

05

06

07

STEP 01 将真发梳理好，扎成马尾效果。

STEP 02 将全顶假发戴在头上，盖住马尾，将假发固定好，梳理出想要的效果。

STEP 03 在后发区将全顶假发的发尾固定好。

STEP 04 将后发区留出的马尾的剩余头发倒梳出层次。

STEP 05 喷干胶定型并整理好真发的层次感。

STEP 06 在一侧佩戴花朵，进行点缀。

STEP 07 在另外一侧真假发结合的位置佩戴花朵，进行点缀。造型完成。

造型提示

此款发型以扎马尾和倒梳的手法操作而成。此款造型采用真假发结合的方式，首先要将假发固定到位，不要呈现悬空状态。另外可以用发卡将假发与真发固定在一起，防止其脱落。用尖尾梳将额头位置的假发整理出有序的层次感，使其与真发更好地衔接在一起。

STEP 01 从一侧发区分出一部分头发，向上提拉，扭转并固定。
STEP 02 将侧发区的剩余头发继续向上提拉，扭转并固定。
STEP 03 将刘海区的头发向后翻卷，隆起一定的弧度并固定。
STEP 04 将剩余的发尾继续打卷并固定。
STEP 05 将另外一侧发区的头发向上提拉，扭转并固定。
STEP 06 将后发区一侧的头发向头顶提拉，扭转并固定。
STEP 07 将后发区另外一侧的头发叠加在之前固定的头发上，扭转并固定，形成叠包效果。
STEP 08 将剩余的部分头发倒梳，增加发量和衔接度。
STEP 09 将整理好层次的头发在一侧固定。
STEP 10 在另外一侧以同样的方式操作。
STEP 11 将头发喷胶定型，调整出层次感。
STEP 12 在一侧佩戴造型花，进行点缀。
STEP 13 在另外一侧佩戴造型花，进行点缀。造型完成。

造型提示

此款发型以打卷和倒梳的手法操作而成。两侧头发的摆放是根据后发区叠包之后的头发的走向确定的，要左右分开，不要相互混淆。

STEP 01 在一侧将头发向上扭转并固定。
STEP 02 将另外一侧的头发向上扭转并固定。
STEP 03 在后发区将左右两侧的头发分片，向后发区中心线方向扭转并固定。
STEP 04 在后发区取头发，进行四股辫编发处理。
STEP 05 辫子编得松散自然，不要过于紧实。
STEP 06 将剩余头发继续用同样的方式编发。
STEP 07 将辫子收尾并固定。
STEP 08 将一侧的辫子向上盘绕打卷并固定。
STEP 09 将另外一侧的辫子向上盘绕，打卷并固定。
STEP 10 在一侧佩戴造型花，进行点缀。
STEP 11 在另外一侧佩戴造型花，进行点缀。造型完成。

造型提示

此款发型以四股辫编发和打卷的手法操作而成。此款造型的辫子松散自然，这样有助于打造两侧自然的轮廓感。同时，不要将刘海区及侧发区的头发梳理得过于光滑，应使其呈现出蓬松的感觉。

STEP 01 将所有头发收至后发区，准备在后发区编发。
STEP 02 在后发区以四股辫的形式向下编发。
STEP 03 继续向下编发并调整编发的角度。
STEP 04 将发辫在后发区盘绕固定，注意后发区造型轮廓的饱满度。
STEP 05 在头顶佩戴皇冠饰品。
STEP 06 在皇冠饰品后方佩戴造型花。
STEP 07 在一侧耳后位置佩戴饰品。
STEP 08 在另外一侧耳后位置佩戴饰品，进行点缀。
STEP 09 在后发区佩戴饰品，进行点缀。造型完成。

造型提示

此款发型以四股辫编发和倒梳的手法操作而成。打造此款造型的时候，四股辫不要编得太紧，那样会使刘海区及两侧发区的头发紧贴头皮，不够饱满，造型会看上去死板。

STEP 01　将刘海区的头发在头顶扎一条马尾。

STEP 02　将马尾辫用三带一的形式编发。

STEP 03　注意调整编发的角度，以便能更好地在额头位置进行自然的固定。

STEP 04　将编好的辫子盘绕在额头位置固定。

STEP 05　将一侧发区的头发向刘海区后方收拢，扭转并固定。

STEP 06　将另外一侧发区的头发用同样的方式固定。

STEP 07　从后向前翻卷一片头发，与两侧发区的发尾相互结合，固定在一侧。

STEP 08　将后发区的头发向另外一侧进行三股辫编发。

STEP 09　在编发的同时带入后发区的剩余头发，继续用三股辫的形式编发。

STEP 10　将辫子向一侧盘绕并固定。

STEP 11　在一侧佩戴造型花，并用头顶的发丝对其进行修饰。

STEP 12　在修饰的发丝之上继续佩戴造型花，进行点缀。

STEP 13　用尖尾梳调整头顶的发丝层次。

STEP 14　在刘海另外一侧佩戴造型花，进行点缀。造型完成。

造型提示

此款发型以扎马尾和三带一编发的手法操作而成。在此款造型中，头顶的盘发与后发区的侧卷式编发形成了呼应关系，在一种不平衡的状态下寻找平衡。要注意造型结构的摆放角度，防止其失去平衡感。

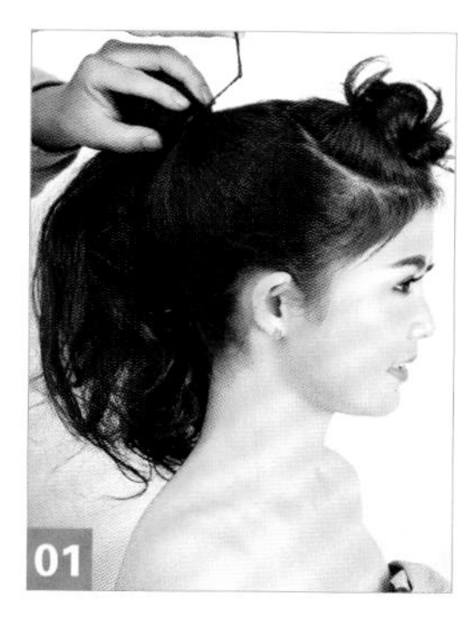

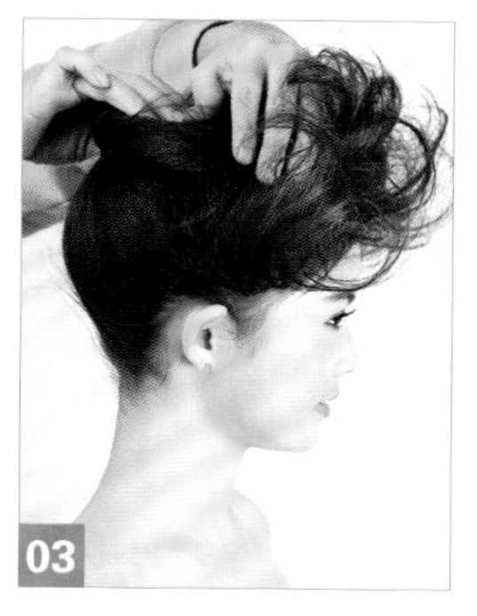

STEP 01 将后发区的头发在头顶扎一条马尾。
STEP 02 将马尾固定牢固，尽量扎得高一些。
STEP 03 将扎好马尾的头发向前固定，固定要牢固。
STEP 04 将向前固定好的马尾向后翻，并将前方的头发继续用发卡固定。
STEP 05 将头发向上提拉并用尖尾梳倒梳。
STEP 06 将倒梳好的头发表面梳理得光滑干净。
STEP 07 用手将梳理好的头发向下扣卷，适当收拢两侧的头发。
STEP 08 将扣卷好的头发在后方进行细致的固定，并对其弧度做出调整。
STEP 09 将刘海区的头发以尖尾梳为轴向下扣卷。
STEP 10 将扣卷之后的头发的两侧向中间收拢，使其形成折痕效果，固定。
STEP 11 将固定好的剩余发尾向后打卷。
STEP 12 将发卷在刘海侧面固定牢固。
STEP 13 将剩余的发尾继续向上打卷。
STEP 14 将打卷之后的发尾在侧发区整理出层次感。
STEP 15 在头顶佩戴饰品，进行点缀。造型完成。

造型提示

此款造型以下扣卷和打卷的手法操作而成。注意顶发区的发包的塑造，通过向前和向后两个方位的固定制造一个支撑点，使造型更有支撑力，从而有利于发包的塑造。

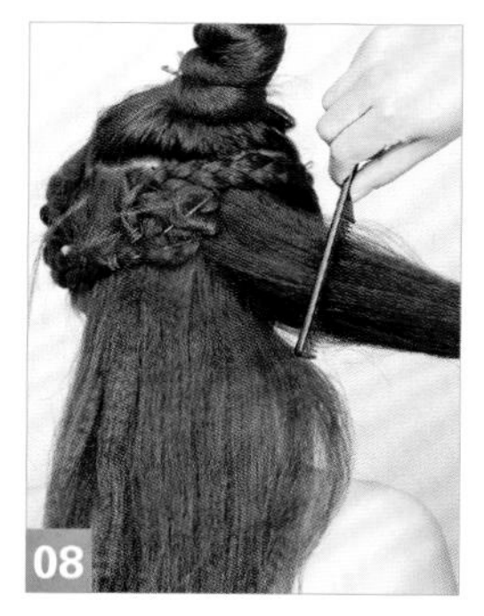

STEP 01 将刘海区的头发向一侧进行三带一编发。
STEP 02 用三股辫的形式收尾，用皮筋固定。
STEP 03 将辫子固定在后发区。
STEP 04 将另外一侧发区的头发用三带一的形式向后编发。
STEP 05 将辫子用三股辫的形式收尾，用皮筋固定。
STEP 06 将两个辫子衔接固定在一起。
STEP 07 在后发区一侧取出部分头发。
STEP 08 提拉头发，将其倒梳，增加发量和衔接度。
STEP 09 将头发表面梳理光滑，在后发区向上扭转并固定。
STEP 10 将后发区剩余的头发向上提拉，将表面梳理得光滑干净，向上提拉并扭转。
STEP 11 将扭转好的头发在后发区上方固定。
STEP 12 将剩余发尾及顶发区的头发向上提拉并倒梳，向一侧下方扣转。
STEP 13 将扣转好的头发在后发区固定。
STEP 14 将固定好的头发的剩余发尾进行三股辫编发，将编好的发尾收拢并固定。
STEP 15 在头顶一侧佩戴饰品，进行点缀。造型完成。

造型提示

此款造型以三带一编发和下扣卷的手法操作而成。将顶发区的头发及后发区的发尾结合在一起。下扣的时候，应对刘海区的编发进行自然的修饰，避免衔接得过于生硬。

STEP 01 用尖尾梳将刘海区的头发整理出层次感。

STEP 02 将部分侧发区的头发在头顶固定，将其整理出一定的层次感和纹理感。

STEP 03 继续将侧发区的剩余头发向上整理出层次感。

STEP 04 将后发区的部分头发向上提拉并进行自然的固定。

STEP 05 在头顶用头发做出一个固定用的基座。

STEP 06 将另外一侧发区的头发连同部分后发区的头发向上固定。

STEP 07 用移动式倒梳的形式将后发区的头发分片倒梳。

STEP 08 将后发区的头发向上提拉并固定。

STEP 09 整理好头发的层次感，间隔地佩戴一圈小花，进行点缀。造型完成。

造型提示

此款发型以倒梳和移动式倒梳的手法操作而成。重点是控制好每一片头发的摆放位置及层次感。头发的提拉摆放要松紧适度，并留出一定的空间感。可多利用尖尾梳进行局部倒梳，并用尖尾梳的尖尾对层次做细节调整。

STEP 01 将头发进行分区，将侧发区的头发向内侧扭转并固定。

STEP 02 另外一侧以同样的方式操作。

STEP 03 将刘海区的头发以尖尾梳为轴向上翻，打卷并固定。

STEP 04 将剩余的发尾连环打卷。

STEP 05 用发卡将连环卷固定，用暗卡将两侧固定的头发衔接到一起。

STEP 06 将后发区的头发内侧倒梳，将表面梳光后向一侧扭转。

STEP 07 继续取发片，扭转并固定。

STEP 08 将剩余的头发继续向上提拉并固定。

STEP 09 用发卡将扭转后的头发和侧发区的头发衔接到一起。

STEP 10 在头发的表面覆盖造型纱。

STEP 11 将造型纱固定在后发区。

STEP 12 在后发区佩戴造型花，进行点缀。

STEP 13 在后发区佩戴更多不同颜色的造型花，进行修饰。

STEP 14 另一侧同样点缀造型花。

STEP 15 喷发胶，进行定型。

造型提示

此款造型以上翻卷和连环卷的手法操作而成。对两侧下垂头发的喷胶处理很重要，头发要具有一定的卷度，通过喷胶进行适当的调整可以使其更具有层次感。

【时尚简约晚礼发型】

STEP 01　将头发内侧倒梳，将表面梳光，用皮筋将所有头发固定成一个马尾。
STEP 02　将马尾的头发倒梳并向上扭转。
STEP 03　将扭转后的马尾用发卡固定。
STEP 04　将造型布围绕头部绕一圈后用发卡固定。
STEP 05　用发卡继续固定造型布。
STEP 06　用手整理造型布的剩余部分。
STEP 07　将造型布的剩余部分进行抓布处理。
STEP 08　将造型布抓出褶皱，用发卡固定。
STEP 09　在头发上继续固定造型布。
STEP 10　将造型布继续抓出褶皱。
STEP 11　用发卡将抓出的造型布固定。
STEP 12　继续进行抓布处理。
STEP 13　将抓好的布用发卡固定，固定的时候注意每一层都呈现出递进的层次感。
STEP 14　将剩余的造型布收尾。
STEP 15　在发卡固定的位置点缀饰品，进行遮挡和衔接。造型完成。

造型提示

此款造型以抓布和扎马尾的手法操作而成。固定造型布与造型纱不同，发卡要隐藏好，并且发卡应彼此形成制约，这样才能使造型布更加立体。

STEP 01 将侧发区的头发内侧倒梳，将表面梳光，向内扭转并固定。

STEP 02 将剩余的发尾部分内侧倒梳，将表面梳光后继续向上翻卷。

STEP 03 将后发区剩余的头发内侧倒梳，将表面梳光继续向上翻卷。

STEP 04 将后发区剩余的一侧头发扭转。

STEP 05 将剩余的发尾继续向一侧扭转打卷。

STEP 06 用手整理头发表面的层次和纹理。

STEP 07 将刘海区的头发倒梳。

STEP 08 将倒梳后的头发向后发区扭转。

STEP 09 在刘海区和侧发区的交界处佩戴饰品，进行点缀。造型完成。

造型提示

此款发型以上翻卷和打卷的手法操作而成。要注意饰品与造型结构之间的衔接，在佩戴好饰品后还可以对造型结构做出调整。

STEP 01　用玉米夹将头发处理蓬松，将后发区的头发用皮筋固定成马尾。

STEP 02　将马尾进行三股辫编发处理，在编发的时候注意保持适当的松散。

STEP 03　将编好的发辫向上固定。

STEP 04　将刘海区的头发内侧倒梳。

STEP 05　将倒梳后的头发向上梳理出弧形的轮廓。

STEP 06　将剩余的发尾以尖尾梳为轴翻卷。

STEP 07　将翻卷后的发尾固定。

STEP 08　用手调整头发表面的层次和纹理。

STEP 09　在顶发区和后发区的交界处佩戴饰品，衔接造型。

STEP 10　在饰品的下方用造型纱继续点缀。

STEP 11　将造型纱抓出层次和纹理。造型完成。

造型提示

此款发型以三股辫编发和扎马尾的手法操作而成。造型的时候，刘海区的头发应在光滑的同时具有纹理，这样更具有时尚感。

STEP 01 分出刘海区，将后发区的头发用皮筋固定成一个马尾。
STEP 02 将马尾用尖尾梳倒梳。
STEP 03 将倒梳后的头发向上提拉，翻卷并固定，将剩余的发尾继续向下扣卷。
STEP 04 将刘海区的头发分片倒梳，制造蓬松度。
STEP 05 将倒梳后的刘海区的头发表面梳光，以尖尾梳为轴向内扭转。
STEP 06 用尖尾梳调整发片的饱满度。
STEP 07 将固定后的剩余发尾继续扭转并固定，注意和后发区的头发形成衔接。
STEP 08 将剩余头发内侧倒梳，将表面梳光，向后提拉。
STEP 09 将提拉的头发扭转出弧形，用发卡固定。
STEP 10 在造型的外轮廓固定造型纱。
STEP 11 对固定的造型纱进行抓纱处理。
STEP 12 将纱抓出褶皱和层次。
STEP 13 继续进行抓纱。
STEP 14 将抓好的纱用发卡固定。
STEP 15 将剩余的网纱收尾。造型完成。

造型提示

此款造型以抓纱和上翻卷的手法操作而成。头顶的打卷要呈现出立体层次感，这样才能与抓纱很好地结合在一起。

STEP 01　将头发用玉米夹处理蓬松，将后发区的头发用皮筋固定成马尾。
STEP 02　将马尾的头发一分为二。
STEP 03　将马尾发片提拉倒梳。
STEP 04　将倒梳后的头发向内打卷。
STEP 05　将剩余的头发继续提拉，倒梳内侧。
STEP 06　将倒梳后的头发表面梳光，同样向内打卷。
STEP 07　将打好的卷用发卡固定。
STEP 08　取一缕头发，向两个发卷之间扭转打卷并固定，形成蝴蝶结形的外轮廓。
STEP 09　将刘海区的头发倒梳。
STEP 10　将刘海区内侧的头发继续倒梳。
STEP 11　将倒梳后的头发表面梳光，以尖尾梳为轴向内扣卷并固定。
STEP 12　将剩余的发尾扭转并固定。造型完成。

造型提示

此款发型以扎马尾和下扣卷的手法操作而成。注意蝴蝶结效果的塑造，可以适当多喷些干胶，要固定结实并用手拉抻出立体感。

STEP 01 将侧发区的头发内侧倒梳，将表面梳光，向后扭转。
STEP 02 在刘海区和侧发区的交界处佩戴饰品，用发卡固定。
STEP 03 将刘海区的头发内侧倒梳。
STEP 04 将倒梳后的头发向内扭转，用发卡固定。
STEP 05 将侧发区的头发内侧倒梳，将表面梳光，向内扭转。
STEP 06 取后发区的发片内侧倒梳，将表面梳光，向内扭转并固定。
STEP 07 将后发区剩余的头发内侧倒梳，向一侧提拉打卷并固定。
STEP 08 将打卷后的头发用发卡固定。造型完成。

造型提示

此款发型以打卷的手法操作而成。注意后发区造型轮廓的饱满度，帽子与造型结构之间不要脱节，根据造型结构来调整帽子所佩戴的位置。

STEP 01　将刘海区的头发倒梳，用尖尾梳向后梳光表面。
STEP 02　将发尾收起，打卷后隆起一定的高度，将其固定。
STEP 03　将一侧发区的头发向上提拉，扭转并固定。
STEP 04　将另外一侧发区的头发向上提拉，扭转并固定。
STEP 05　将后发区一侧的头发向上提拉，扣转并固定。
STEP 06　将后发区下方的头发向上提拉，扣转并固定。
STEP 07　将扣转后剩余的发尾扭转并固定。
STEP 08　将剩余的头发用尖尾梳做有层次的倒梳处理。
STEP 09　将倒梳后的发尾向上提拉，扭转并固定，用尖尾梳将头发的层次做适当调整。
STEP 10　在一侧佩戴饰品，点缀造型。
STEP 11　用尖尾梳调整发丝，对饰品进行适当的遮挡。造型完成。

造型提示

此款造型以倒梳和打卷的手法操作而成。在造型的时候，两侧发区及后发区的每一次固定都要呈现一定的饱满度，不能做收紧式固定，这样可以使造型的整体轮廓更加饱满。

STEP 01 将刘海位置的头发扭转，向前推并进行上翻卷。
STEP 02 将翻卷之后的发尾打卷。
STEP 03 将发卷固定在刘海位置的翻卷的后方。
STEP 04 将一侧发区的头发用三股连编的形式向后发区编发。
STEP 05 继续向后编发，带入后发区的头发。
STEP 06 用三股辫的形式收尾。
STEP 07 收尾之后用皮筋固定。
STEP 08 将辫子盘绕在造型的另一侧固定。
STEP 09 将剩余的头发向上提拉并倒梳。
STEP 10 倒梳之后将头发固定在后发区。
STEP 11 在一侧发区佩戴饰品，进行点缀。
STEP 12 在饰品的基础之上进行抓纱造型，要抓出层次感。
STEP 13 在另外一侧进行抓纱造型。
STEP 14 将纱抓出层次感，使其对造型轮廓起到修饰作用。造型完成。

造型提示

此款发型以抓纱和上翻卷的手法操作而成。刘海位置的处理是造型的重点，与普通的上翻卷不同，其中添加了扭转和前推的手法。要注意塑造出立体空间感。

STEP 01　将刘海区的头发向下扣转并将表面梳理光滑。
STEP 02　用尖尾梳将刘海调整出一定的立体感并固定。
STEP 03　将一侧发区的头发向上提拉，扭转并固定。
STEP 04　注意固定的角度及表面的光滑度。
STEP 05　在后发区取一片头发，以尖尾梳为轴向上翻卷。
STEP 06　将表面梳理光滑，固定牢固，发卡要隐藏好。
STEP 07　将另外一侧发区的头发以尖尾梳为轴向上翻卷。
STEP 08　固定牢固，将发卡隐藏好，表面要光滑干净。
STEP 09　在后发区将一片头发向下扭转并固定。
STEP 10　继续扭转一片头发并固定，将两片头发固定的点衔接在一起。
STEP 11　将两片头发剩余的发尾在后发区继续做一次扭转并固定。
STEP 12　将后发区的部分头发向下扣转并固定。
STEP 13　将剩余的头发向上翻卷并固定。
STEP 14　固定好之后调整头发的轮廓感，可用隐藏发卡做细节固定。
STEP 15　在造型结构的衔接处佩戴造型花及网眼纱，进行点缀。造型完成。

造型提示

此款造型以下扣卷和上翻卷的手法操作而成。刘海位置要呈现隆起的立体感，为了让头发更便于调整，可以事先倒梳，增加发量和衔接度。

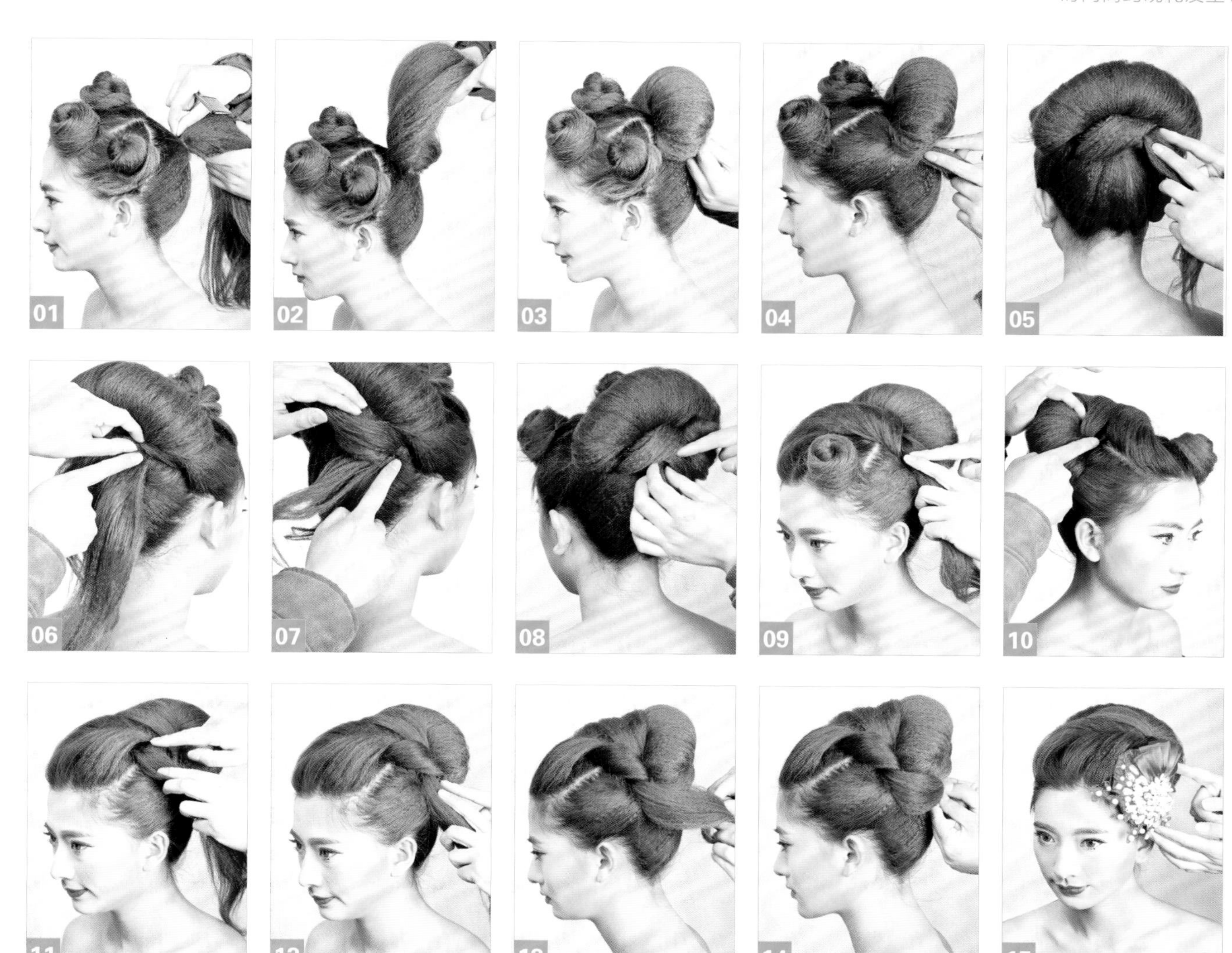

STEP 01　将后发区的头发进行扎马尾处理，将马尾扎得高一些。
STEP 02　将倒梳好的头发表面梳理光滑干净，向上提拉头发，用手向下打卷。
STEP 03　将打卷的头发向下扣卷，在后发区固定。
STEP 04　将一侧发区的头发向后提拉并扭转，将扭转好的头发固定在后发区发包下方。
STEP 05　固定好之后将头发继续向上扭转并固定。
STEP 06　将另外一侧发区的头发做两股辫形式的扭转并固定。
STEP 07　固定牢固，发卡要隐藏好。
STEP 08　将剩余头发在后发区收拢在一起，打卷并固定。
STEP 09　将部分刘海区的头发向上提拉并倒梳，整理好后将扭转好的头发用发卡固定。
STEP 10　将固定好的头发的剩余发尾向上提拉，打卷并固定。
STEP 11　将刘海区的头发提拉并扭转，在头顶固定牢固。
STEP 12　将固定好的头发继续向后扭转。
STEP 13　将剩余的发尾打卷。
STEP 14　将打卷好的头发固定在后发区，调整造型结构的饱满度。
STEP 15　佩戴饰品，进行点缀。造型完成。

造型提示

此款造型以打卷、下扣卷和两股辫编发的手法操作而成。注意应形成饱满的轮廓感，发包不要过大，否则会显得土气。此款造型虽然用到多次打卷手法，但整体造型没有明显的打卷结构，打卷主要用来收发尾。

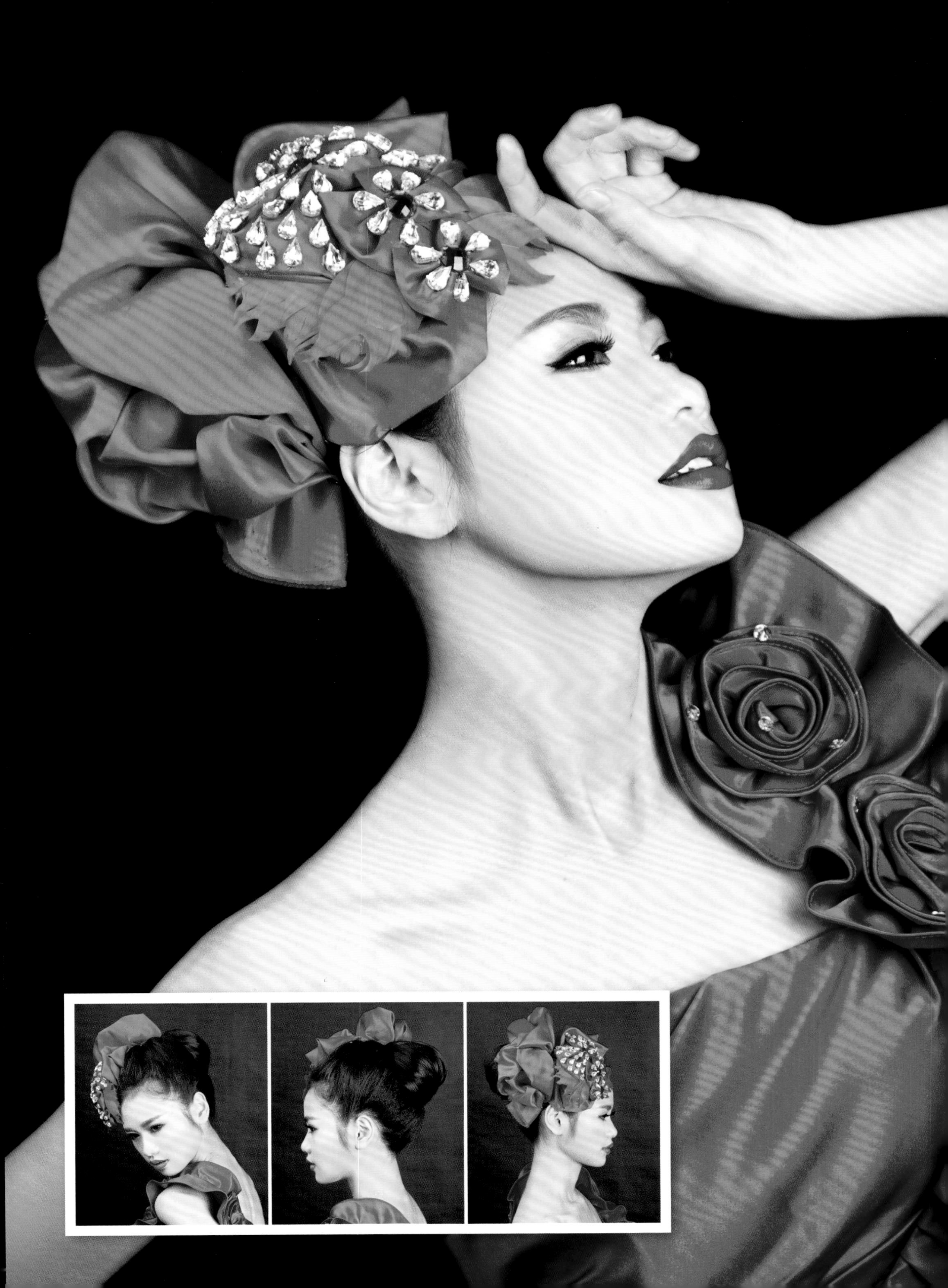

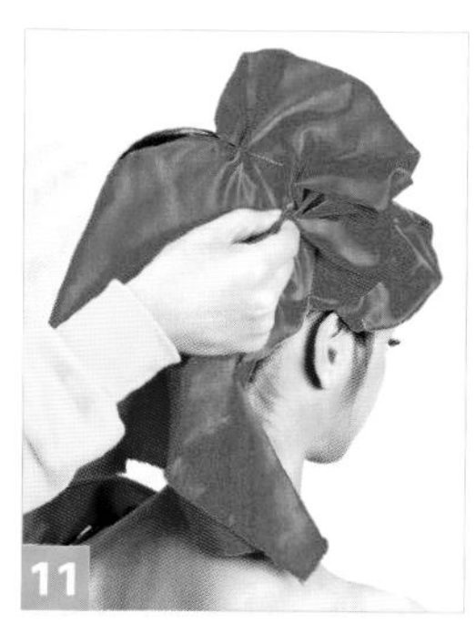

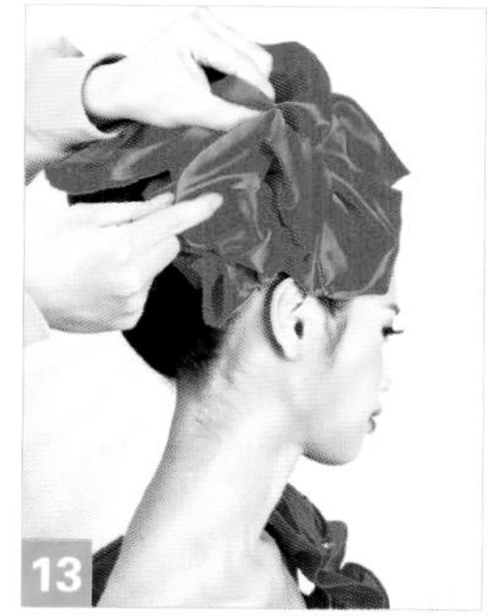

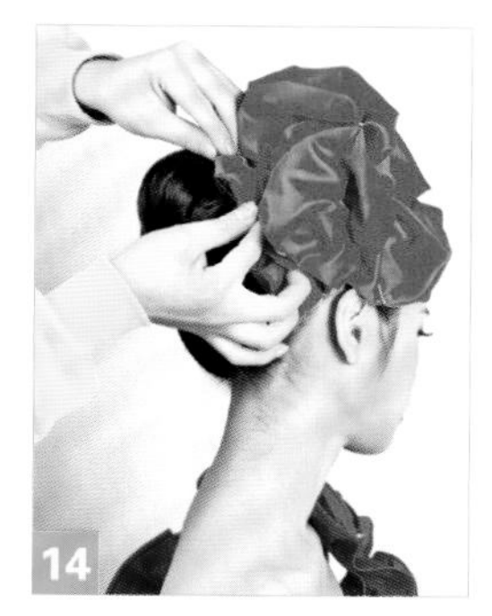

STEP 01　将刘海区的头发向后扭转，使其呈隆起状并将其固定。
STEP 02　将一侧发区的头发向上提拉并扭转，在头顶固定。
STEP 03　将另外一侧发区的头发向上提拉并扭转，在头顶固定。
STEP 04　将后发区的头发扎马尾之后编三股辫，用皮筋将其固定。
STEP 05　将辫子在后发区盘绕成发髻并固定。
STEP 06　在头顶固定假发并将其包裹在发髻上。
STEP 07　将造型布抓出褶皱后在一侧固定。
STEP 08　将造型布收拢后固定，适当调整其层次感。
STEP 09　继续向上固定造型布，增加造型高度。
STEP 10　继续向前将造型布抓出褶皱层次并牢固固定。
STEP 11　继续将造型布抓出褶皱后固定。
STEP 12　继续将造型布向前固定。
STEP 13　调整造型布的层次感并固定。
STEP 14　为造型布收尾，注意调整其褶皱和层次。
STEP 15　在造型布前佩戴饰品，进行点缀。造型完成。

造型提示

此款造型以抓布和三股辫编发的手法操作而成。在抓造型布的时候要注意隐藏发卡，因为造型布不像造型纱那样有空隙，所以对造型布的固定点要相互制约，操作难度相对较大。

STEP 01　将刘海区的头发向上提拉并倒梳。
STEP 02　用手托住头发并将其表面梳理得光滑干净。
STEP 03　以尖尾梳为轴将头发扭转。
STEP 04　将扭转好的头发在头顶固定牢固。
STEP 05　将一侧发区的头发向上提拉，扭转并固定。
STEP 06　将另外一侧发区的头发向上提拉，扭转并固定。
STEP 07　从后发区左右两侧取头发，相互叠加。
STEP 08　继续向下编发，形成鱼骨辫效果。
STEP 09　在收尾的位置用发卡固定牢固。
STEP 10　将后发区剩余的发尾倒梳，增加发量和衔接度。
STEP 11　用手托住头发，将头发的表面梳理得光滑干净。
STEP 12　将头发向内扣卷并固定牢固。
STEP 13　固定好之后调整造型轮廓的饱满度和光滑度。
STEP 14　在头顶佩戴假刘海，要用发卡固定牢固并将发卡隐藏好。
STEP 15　用尖尾梳调整刘海的弧度，在头顶佩戴饰品。造型完成。

造型提示

此款造型以鱼骨辫编发和打卷的手法操作而成。后发区的鱼骨辫编发要呈现上松下紧的状态，这样更利于后发区底端的打卷。

STEP 01　将一侧发区的头发带到后发区并固定。
STEP 02　在后发区下方将头发用横向发卡固定牢固。
STEP 03　将后发区一侧的头发向上翻卷并固定牢固。
STEP 04　固定好之后调整造型结构的轮廓感及饱满度。
STEP 05　将剩余头发在后发区另外一侧向上翻卷。
STEP 06　调整翻卷的轮廓感及饱满度。
STEP 07　在头顶一侧佩戴饰品，饰品的固定要牢固。
STEP 08　将饰品上的造型纱抓出褶皱和层次。
STEP 09　继续将造型纱向上抓出层次并固定。
STEP 10　对造型纱的层次感和饱满度做出适当的调整。
STEP 11　将造型纱的另外一侧在后发区固定。
STEP 12　调整造型纱的层次感并对其做细致的固定。造型完成。

造型提示

此款发型以抓纱和上翻卷的手法操作而成。要注意后发区翻卷的角度，后发区的两个翻卷应相互结合，形成一个整体的结构，不要有明显的空隙。

STEP 01　在头顶一侧佩戴饰品，固定要牢固。
STEP 02　将刘海区的头发向上提拉并倒梳，增加发量和衔接度。
STEP 03　将刘海区的头发的内外两侧梳理得光滑干净。
STEP 04　将刘海区的头发向上提拉并打卷。
STEP 05　用双手将发卷的轮廓感调整得更加饱满，将其固定牢固。
STEP 06　从后向前提拉一片头发并打卷。
STEP 07　继续向前提拉一片头发，斜向打卷。
STEP 08　将发卷并固定好，调整其轮廓的饱满度。
STEP 09　继续从后向前提拉一片头发。
STEP 10　将提拉好的头发在头顶固定。
STEP 11　将后发区的剩余头发倒梳，将头发扭转并在头顶固定。
STEP 12　将造型纱抓出层次并向后固定。
STEP 13　继续将造型纱在头顶固定，注意层次感。
STEP 14　将剩余造型纱向另外一侧固定，对面部进行遮挡。
STEP 15　调整造型纱的角度及固定方位，使其呈现飘逸感。

造型提示

此款造型以抓纱和打卷的手法操作而成。此款造型的重点是造型纱的固定，造型纱要呈现飘逸的感觉，不要与面颊过于贴合，而是要有一定的空间感。注意隐藏好固定用的发卡。

STEP 01 将一侧发区的头发从下颌绕过。
STEP 02 将从下颌绕过的头发固定在另外一侧后发区。
STEP 03 将刘海区的头发向一侧梳理并用隐藏式的发卡固定。
STEP 04 将刘海区的头发带至后发区并向上盘绕。
STEP 05 将刘海区的头发在后发区固定。
STEP 06 将后发区的头发扎马尾，马尾要高低适中。
STEP 07 将扎好马尾的头发向上提拉并倒梳。
STEP 08 将倒梳好的头发表面梳理得光滑干净。
STEP 09 将马尾的头发向上推，横向用连排发卡固定。
STEP 10 将固定好的头发向后打卷。
STEP 11 将打卷好的头发向下扣转并固定，使其形成头顶发包的感觉。
STEP 12 在头顶佩戴饰品，进行点缀，固定要牢固。
STEP 13 将饰品上的造型纱抓出自然的褶皱和层次。
STEP 14 继续将造型纱抓出褶皱和层次，做细致的固定。造型完成。

造型提示

此款发型以扎马尾和下扣卷的手法操作而成。从下颌位置带过的头发表面一定要光滑干净，固定要松紧适当，使模特可以活动自如。

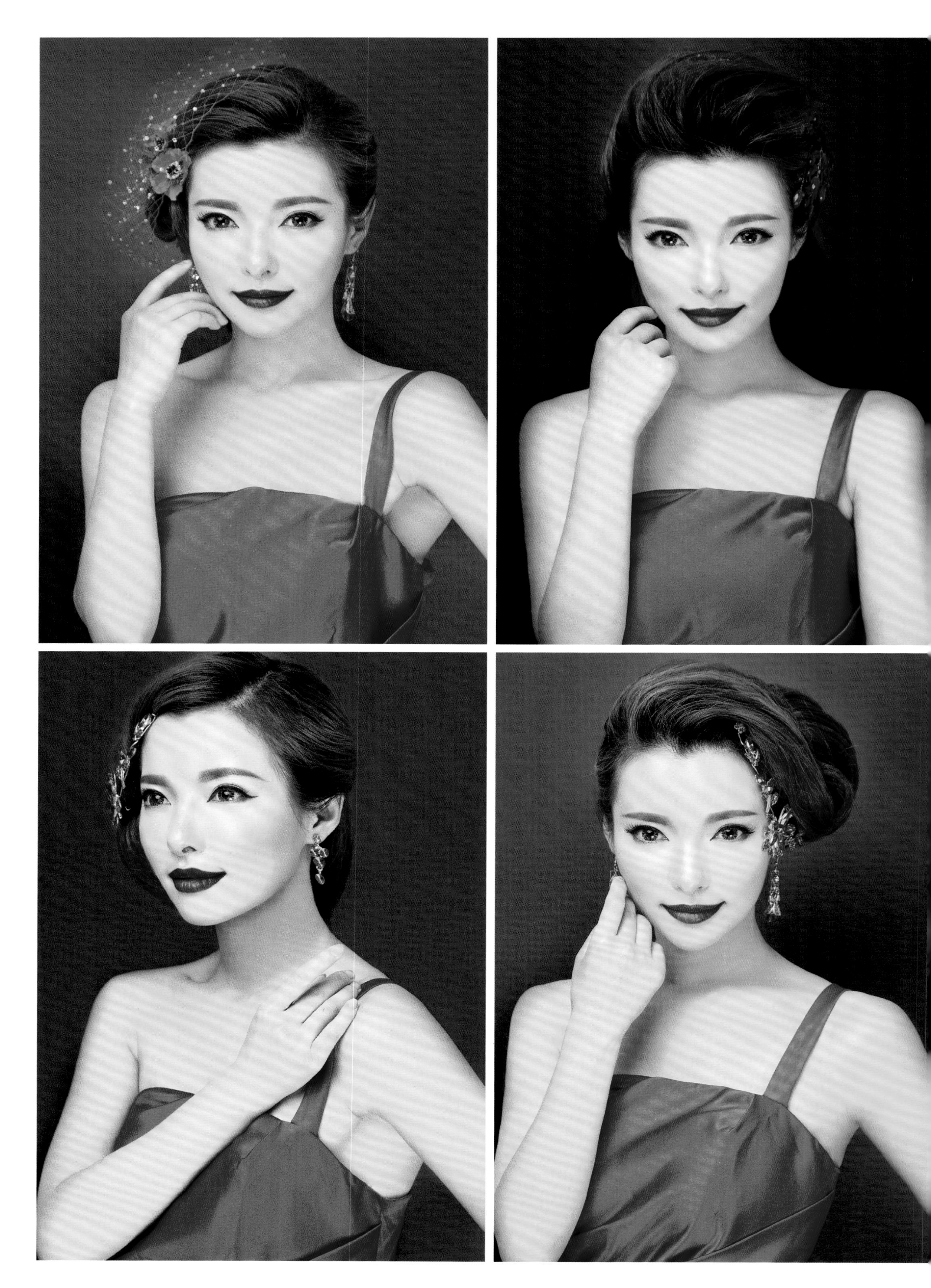

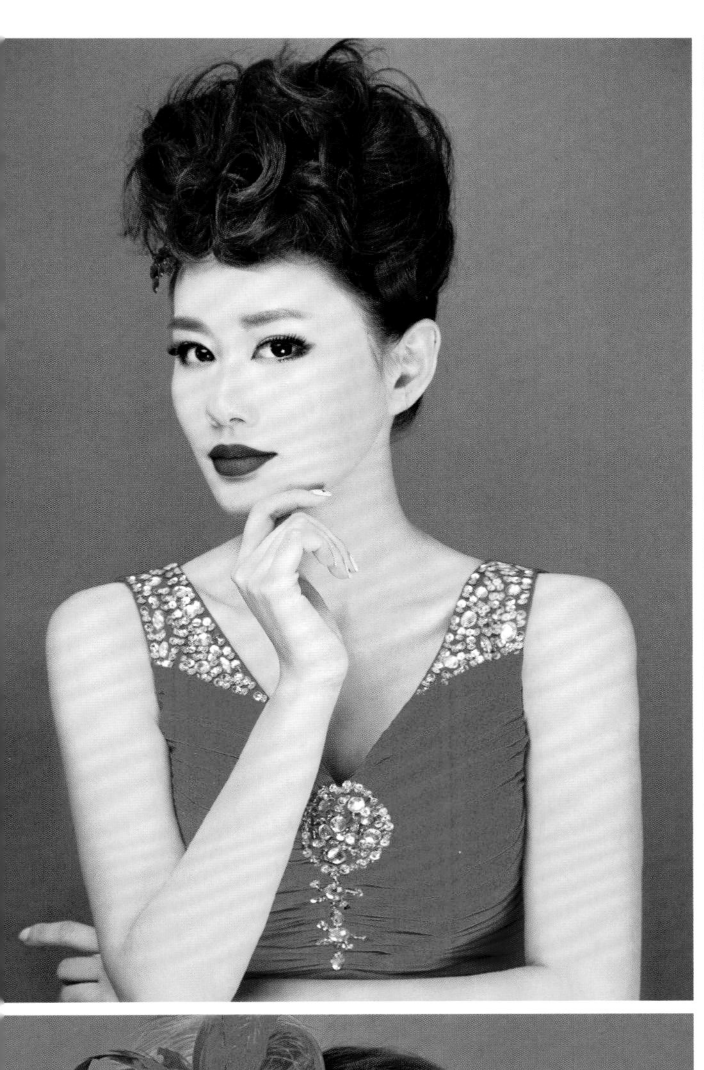